培養你的

戰略思考

STRATEGY ENCYCLOPEDIA

方喰正彰 ——著

あべ彦 ——漫畫

聽到「**戰略**」二字大家最先想到的是什麼呢？

商業、運動、學習和遊戲等，各位應該會發現有許多場合都會用到「戰略」這個詞。

可無論用於什麼場合，其多意指作戰、計畫、策畫、祕計。

話說回來，「戰略」的英文「Strategy」，其語源是古希臘拉丁文的「Strategos」。

不過當時的字義，並非現代所謂的「戰略」，而是一種職稱，也就是將軍、軍事領導人的意思。

人們開始像現代以「戰略」之意使用這個字，據說起源於《謀略論》的書名，這是一本由羅馬帝國的貴族弗朗提努斯，在約公元前1世紀後半時所撰寫的戰術書。

然而由於不同的時空背景與商業習慣，歷史上的戰略理論，似乎終究只是學習的一環。不僅容易讓人覺得流於紙上談兵，甚至人們往往會認為這些理論只對大型企業才有幫助。

不過，這本書是一本教各位如何實際應用的書籍。不管是著名戰略，還是剛出現沒多久的新興戰略，也無關企業規模大小，此書彙整了諸多能實際應用的策略。

書裡會盡可能簡明扼要地解說各項戰略理論的要點，並透過故事加以統整，讓讀者能更容易想像到它實際運用於商業場合時的情況。

此外，這裡採用的事例是「小規模經營的和菓子店」，目的是讓學生等對戰略還沒有什麼概念的人也能輕易理解。

「小規模經營的和菓子店會想找顧問公司諮詢嗎？」或許有人會有這樣的疑問，這點還望各位能視而不見，放寬心一邊守望新進員工才門努力奮鬥的身影，一邊學習各種戰略知識，期盼大家都能找到一些對自身有所幫助的啟示。

There is always a better way.
事情總是有更好的做法。

Thomas Edison
湯瑪斯・愛迪生

目錄

第 **1** 章 必學的知名分析手段與戰略

第**2**章 絕對要掌握的基本戰略

目錄

第3章 組織內部適用的戰略

第 **4** 章 永續進化戰略

目錄

第5章 登峰造極前必先瞭解的戰略

第 **6** 章 培養經營者思考方式的戰略

登場人物介紹

主角隸屬公司：小型企業顧問公司（cerebrum 綜合研究所）

主角　才門巧彌

主要負責企業是老字號和菓子店——井上庵。他是個性格樂天的開心果，也是氣氛製造者。看似輕鬆隨意，但其實具備踏實努力的特質。目前他正主導一項專案，目的是提升井上庵的銷售額和生產力。喜歡的和菓子是葛餅和水羊羹。

同期同事　笠井香緒瑠

和才門同期進入公司，主要負責企業為化妝品製造商。她渴望成為獨當一面的管理者，總為提升自己的職涯發展而嚴肅地奮鬥著。性格嚴以律己寬以待人（？），有時也會展現出傲嬌的一面。此外，她還是個擁有空手道黑帶的運動好手。喜歡的和菓子是核桃柚餅子和落雁。

前輩　竹田蒼汰

才門的指導者，畢業後來到 cerebrum 綜研工作已有 5 年。目前正以顧問實習的身分負責多間企業。性格瀟灑帥氣，但不擅長早起。事實上他還擅長說法文。喜歡的和菓子是金鍔和金川燒。

上司　瀧矢隆誠

大學畢業後即進入 cerebrum 綜研工作。曾到海外留學並取得 MBA 學位，是位能幹的前輩，然而平時卻不怎麼現身。據說是公司首席紅酒達人，但其實酒量不太好。喜歡的和菓子是花林糖和草餅。

(井上庵　社長) **井上德治**

即將迎來創業120年的老字號和菓子店──井上庵的第五代老闆。目前他正積極果斷地實施改革，以便因應和菓子疏離※和食品多樣化等危機。把年輕的才門視如親戚家的兒子，很願意給予支持，並對他的成長寄予厚望。

※ 意指受西點引進的影響，日本現代社會與和菓子脫節的現象。

(井上庵　員工) **杉野豐**

曾經是樂團裡的貝斯手，現在則是井上庵的王牌員工。聽說他在玩樂團時就出了名地喜歡和菓子，所以粉絲們送來的禮物也全是和菓子。在樂團解散之後，他便轉戰從以前就充滿興趣的和菓子產業。

(井上庵　工廠長) **三浦友詞**

為了繼承老家的和菓子店，他在高中畢業後選擇就讀製菓學校，曾工作於各式各樣的和菓子店，目前則在井上庵受訓。高中參加製菓社團時，曾締造出替全學年的人製作情人節巧克力（420顆以上）的紀錄。

(井上庵　兼職) **館一凜**

出於對和菓子的熱愛，她已任職於井上庵約15年。身為井上庵的門面，在當地人之間算是小有名氣的人物。每當舉辦地方活動或有地區慶典時，她都是最賣力宣傳的那個人。另外，她也是開發新商品的行家，其靈敏的味覺和嗅覺就連井上社長也甘拜下風。

第 1 章

必學的知名分析手段與戰略

本章主要介紹的，是學習戰略知識前必須先掌握的基本分
析手段。
即使好像「有聽過」、「有學過」，也都讓我們再次系統性地
來認識這些方法吧。

首先，我們會利用6大分析手段，針對客戶井上庵的現況進行分析，然後再透過PPM和藍海策略，思考事業的發展和方向性，力求提升未來的銷售額。

組合手段各異的6種分析法，並對各個項目給出具體的解釋和數據，藉由這樣的深度分析，制定出更有效的戰略。

6大分析❶PEST分析

| 是什麼？ | >> | PEST分析是一種進行宏觀環境分析時的行銷框架，其四字母分別代表**Politics（政治）**、**Economy（經濟）**、**Society（社會）**、**Technology（科技）**這4個觀點，此框架能分析外部宏觀環境（企業無法控制、無法駕馭的事物，是機會也可能是威脅），用以預測社會需求或市場變化，作為擬定戰略時的參考。 |

| 定義 | >> | 針對外部環境（公司無法控制的環境因素＝宏觀環境；公司能控制的環境因素＝微觀環境）中的宏觀環境進行分析。
分析時不是只分析4個觀點，利用交叉分析來驗證各個環境因素間的關聯性、相關性也非常重要。
另外，此分析手法也能用來探究變化的可能性或未來變化，透過預測趨勢（短期、中期、長期）走向來發現商機。 |

| 提倡者 | >> | **菲利普・科特勒（Philip Kotler）**：美國經濟學家。美國西北大學凱洛管理學院名譽教授。分別在芝加哥大學取得經濟學碩士學位、麻省理工學院（MIT）經濟學博士學位後，便在哈佛大學從事數學方面、和在芝加哥大學從事行為科學方面的研究計畫，可謂是行銷學中的世界權威。 |

| 關鍵字 | >> | ●**行銷4.0**
科特勒提倡的概念，強調**傳統與數位的結合**。1.0是產品、2.0是消費者、3.0則是以人文為中心。

●**零售4.0**
由科特勒與朱塞佩・斯蒂利亞諾共同提倡的概念，他們為**零售業的DX（數位轉型）化**提出了10個法則。 |

為了複習，我們先寫出PEST分析4觀點，也就是政治、經濟、社會、科技各自相對應的因素吧？

感覺像這樣嗎……？

PEST 分析因素

Politics（政治）	Economy（經濟）
政治情勢、法律、修法（限制、放寬）、稅制、司法制度	景氣、經濟成長率、物價、匯率、股價、利率、資源價格
Society（社會）	**Technology（科技）**
人口動態、老年人口、少子化、宗教、教育、輿論、流行	技術革新、基礎設施、IT新技術、專利（專利過期）

嗯，大部分都已經掌握了。那麼，讓我們來進行PEST交叉分析，看看每個項目的關聯性吧。

	P	E	S	T
P	政治×政治	政治×經濟	政治×社會	政治×科技
E	經濟×政治	經濟×經濟	經濟×社會	經濟×科技
S	社會×政治	社會×經濟	社會×社會	社會×科技
T	科技×政治	科技×經濟	科技×社會	科技×科技

咦？在藍色格子的地方有相同因素的組合呢？

乍看之下好像不需要，但若仔細觀察，就會發現政治或經濟本身也有許多不同因素。

有些因素可能會互相牴觸，就算是相同因素，也可能因國內外而有所不同。為了不要忘記分析這些情況，所以我刻意採用了這種寫法。

例如以技術因素來說，假設原本難以用機械製造的正宗生菓子，由於技術的進步而能夠開始以機械製造的話，那麼生菓子可能就會普及到便利商店等銷售通路，進而使得生果子更容易被消費者接受。但另一方面，此情勢也可能會威脅到和菓子店的生意。此外，要是3D列印技術進步到能製造出生菓子這類食品時，或許就能製造出形狀史無前例的生菓子，促使以前對生菓子沒有興趣的人，也願意開始積極地購買。

確實如此，在銅鑼燒皮上雷射公司Logo來作為公關贈品分送這件事，也是因技術進步才誕生的新市場呢。

這些改變在對雇傭環境產生影響的同時，也會影響到人口動態、流行趨勢，進而改變販售的商品。
而這些變化可能會同時發生，也可能有時間差異。

宏觀意味著眼全局，也就是說，先預測並掌握各種環境因素的變化非常重要呢。

沒錯。除此之外，在做完PEST分析後，我們還要思考「什麼發生了變化以及它將來會如何變化」，相反地我們也要想到「什麼沒有改變以及它將來是否也不會變化」。換句話說，思考「變與不變的事物」也很重要哦！

P		E	
變化的事物	不變的事物	變化的事物	不變的事物
S		T	
變化的事物	不變的事物	變化的事物	不變的事物

 我瞭解了！

 以井上庵為例，經濟因素下它較容易受到銷售額等世界趨勢的影響，這屬於「變化的事物」。不過從製造成本等方面來看，井上庵所使用的原料價格波動較少，這屬於「不變的事物」。因此就算多少有變化，也能推測其影響不大。

 探討各種因素後，就能實際感受到全球的關係密不可分呢。謝謝您的幫助。

小小冷知識

　　PEST分析不僅適用於商品或服務，這項策略手段也適用於各行各業、單個企業或自然環境（地球暖化、震災等）等大型框架。

　　此分析手法大多會使用中長期（3～5年）的時間軸。不過在部分瞬息萬變的行業中，中長期時間軸會縮短到1～2年。因此在建立時間軸時，也應考量業界情勢等條件。

菲利普・科特勒

不只要理解顧客，更重要的，是找出每位顧客的不同需求。

行銷理論的演變

科特勒會與時俱進地更新市場行銷的概念，其各個年代的主要內容如下表所示。

行銷1.0 （1900～1960年代）	以產品為中心的行銷：4P分析
行銷2.0 （1970～1980年代）	消費者取向的行銷：STP分析
行銷3.0 （1990～2000年代）	以價值為中心的行銷：3i模式
行銷4.0 （2010～2019年代）	自我實踐的行銷：4A、5A
行銷5.0 （2020年代～）	科技與人結合的行銷：5A顧客消費路徑

最新概念是行銷5.0，其重視的是5A架構。

此理念認為顧客消費路徑會按5A：①認知（Aware）→②訴求（Appeal）→③詢問（Ask）→④行動（Action）→⑤推薦（Advocate）的順序遞進。

①**認知（Aware）**：認知到商品或服務 ②**訴求（Appeal）**：對商品產生識別記憶 ③**詢問（Ask）**：查詢評價或口碑 ④**行動（Action）**：購買商品或服務 ⑤**推薦（Advocate）**：推薦給他人

6大分析❷ 3C分析

那麼，我們接著來整理3C分析的資料。

好的！

井上庵的市場和顧客是……

3C的意思是，
Customer（市場／顧客）
Competitor（競爭對手）
Company（公司）

特點和優勢是……

競爭對手在哪裡啊……

哇～！你還把資料視覺化了啊。

井上庵　3C分析

Customer　2020年 銷售規模
第1名 巧克力 第2名 零食
第3名 和菓子……

Company
老字號招牌（品牌）
職人手作

我想說提案時也能用。

是什麼？	>>	利用 **Customer（市場／顧客）**、**Competitor（競爭對手）**、**Company（公司）** 這3個C來分析行銷環境的行銷框架。 它能從市場／顧客、競爭對手和公司這3種不同的觀點（戰略三角關係：strategic triangle）進行分析。
定義	>>	3C分析，是指從3C的角度思考戰略。例如有種戰略，是以相對優越的條件來持續提供產品，好比說，自家公司能輕易提供競爭對手難以滿足顧客需求的產品；或是在提供時，自家公司具有成本優勢等。
提倡者	>>	**大前研一**：他在其著作《策略家的智慧》（The Mind of the Strategist）（1982年）中提到3C分析後，從此在全球聲名大噪。
關鍵字	>>	● **KSF（Key Success Factor：關鍵成功因素）** 意指促使事業成功的關鍵因素。 隨著顧客需求、技術革新等各種外部環境變化，KSF也會有所不同。 也有人稱CSF（Critical Success Factor），兩者意思相同。 ● **《策略家的智慧》（The Mind of the Strategist）** 大前研一在1982年於美國出版的書籍，而後在1984年以逆向輸入的形式於日本出版。1982年是美國汽車大廠福特公司首次淪落至無配息的境地，也是日本「豐田自動車工業」和「豐田自動車銷售株式會社」合併的一年。大前先生靠著這本書，在全球聲名鵲起。

完成3C分析後，最重要的是要利用3C分析找出KSF，並將其活用於自家公司的戰略中。

KSF是什麼來著⋯⋯抱歉⋯⋯

喂喂，KSF是Key Success Factor的簡稱啊。你至少要記住它的意思是關鍵成功因素。由於它是促使事業成功的必要條件，能從3C推導出怎樣的KSF，正是彰顯本事、考驗實力的地方。

〈3C分析〉

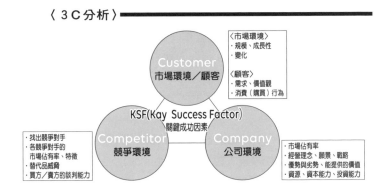

我們以井上庵為例來思考看看吧。

要從哪個C開始分析好呢？

我們首先從市場（customer）開始吧。
這裡的重點，是要掌握願意購買自家公司產品或服務的潛在客戶。
但我們要找的，不是只有購買意願的顧客，而是有高機率真的會購買的顧客哦。

「高機率真的會購買的顧客」的話⋯⋯是指想要吃和菓子、認為非和菓子不可的人嗎？

沒錯，我們需要的不是「感覺還不錯～」，而是「想吃」、「必須要」這樣強烈的需求才行。這種潛在需求就是實際的市場規模。

原來如此，接著就要進一步思考，什麼是促使這些人消費的路徑。

那麼，假設井上庵的潛在客戶中，主要都是想吃井上庵的主力商品大福，還有想吃正宗和菓子……這類的客群如何？

OK，我們就以這個假設繼續推導。

接下來分析競爭對手（competitor）時的重點，是要掌握競爭形勢與競爭對手。

尤其要關注競爭者在市場上有多少佔比、是獨佔或寡佔。

靠這些掌握競爭形勢（銷售額、市場占有率、利潤率、客戶數量、經營資源、生產力等）後，就要思考把戰略等也考量進去後的阻礙對吧？井上庵的話，其競爭者店鋪規模較小，缺乏經營狀況等資訊，我覺得很難推測出競爭者市場佔有率，這時候該怎麼辦呢？

這時可以把地區限縮在井上庵所屬的商圈來思考就可以囉。利用全國人口普查等資料來推估，就能作為參考了。

瞭解了！我會來調查競爭的和菓子店，還有其餘點心店等商家現況。

最後，是分析公司（company）時的重點。這裡我們可以定性、定量來掌握公司的經營資源與企業

活動。

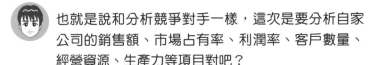

也就是說和分析競爭對手一樣，這次是要分析自家公司的銷售額、市場占有率、利潤率、客戶數量、經營資源、生產力等項目對吧？

沒錯，其他也別忘了分析品牌形象、專利、技術能力和人力資源等。
這些事物會不斷累積附加價值，是非常重要的部分。

我在目前知道的範圍內整理了一下，感覺像這樣？

井上庵的3C分析

Customer	Competitor	Company
・和菓子的零售規模僅次於巧克力、零食點心位居第3名（2020年）	・車站前面新開的西點店 ・甜點大福 ・烤番薯	・老字號招牌（品牌） ・職人手作 ・傳承的滋味

沒錯，就以這些為基礎精益求精吧！

好的！

小小冷知識

大前研一提出的5C分析，是在3C分析外加了Currency（貨幣）與Country（國際情勢），其他能加以利用的項目還有Coperator（合作者）、Customer's Customer（客戶的客戶）、Intermediate customer（中間客戶）、Community（當地社區）等。

此外，某些C也代表平台商業中會用到的Controller（管理者）、Collaborator（合作者）。

有時人們會組合上述因素，進行4C、5C、6C的分析。

大前研一

要想出不同觀點的解決方案，
就要想得比他人更深入。

大前研一所想的戰略是？

　　大前先生的著作《策略家的智慧》在出版時，前言中有這樣一段話，各位看了可能會感到有些驚訝。

　　「本書中我想表達的宗旨是，一項好的事業策略並非源於嚴謹的分析，而是從特定的意識、意象中誕生。在應稱之為『策略家意識、意象（Strategic Mind）』的這種心理狀態中，洞察力和隨之而來對達成目標的渴望，以及類似於使命感的意志將化為動力，促使思考活動蓬勃發展。我認為這種思考基本上比起合理性，反而更仰賴創造性和直覺。」

　　當我們聽到「分析」這個詞時，都會不自覺產生數學、數值、理論等印象。然而比起這些，大前先生更重視的反而是「意識」和「心智」這類抽象的概念。

03

6大分析❸ SWOT分析

才門　偵探模式

優勢、劣勢、機會都已調查完畢，接下來剩威脅……

篩選出因素後，還要組合各個因素，進行SWOT交叉分析！

所有篩選出的因素都必須組合起來考慮嗎？

SWOT分析的因素

	正面因素	負面因素
內部環境	優勢（Strengths）S	劣勢（Weaknesses）W
負面因素	機會（Opportunities）O	威脅（Threats）T

糟糕！要趕不上協商時間了！

我可不會幫忙哦～

咯嚓 咯嚓 咯嚓

| 是什麼？ | » | 此框架能用來分析屬於內部環境（自家公司）資源的優勢與劣勢，以及屬於外部環境（市場）的機會與威脅，然後進一步**決定自家公司要在哪個市場開拓事業。**
特色是將內部環境與外部環境，以2軸×2因素的方式來加以分析。 |

| 定義 | » | SWOT由**優勢**（Strengths）、**劣勢**（Weaknesses）、**機會**（Opportunities）、**威脅**（Threats）這四個字的字首組成。
此框架能從多種角度分析企業的外部環境與內部環境，目的在於策劃營銷策略。 |

| 提倡者 | » | **亨利・明茲伯格（Henry Mintzberg）**：經濟學家。麻省理工學院博士（MIT）。
與彼得・杜拉克並稱「管理學權威」。其以著作《管理工作的本質》（1973年，原題：The nature of Managerial Work）中的經營理論享譽全球。

肯尼斯・安德魯斯（Kenneth Andrews）：他在其著作《Business Policy:Text andCases》（1965年）中，替亨利・明茲伯格發明的「SWOT分析」明確定義出一套制定戰略的流程，並將其確立為一種「擬定戰略的手段」，而該手段就是現今SWOT分析的基礎。
＊也有些人認為安德魯斯才是SWOT分析的提倡者。 |

| 關鍵字 | » | ● **《管理工作的本質》**
明茲伯格的著作。這本書證實了普遍認知中的經理人工作，與實際上的經理人工作有很大落差，書中還根據這個結果，整理出了「經理人的十大角色」。 |

井上庵的簡報資料完成了嗎？

算是有做出個結果⋯⋯但我有點擔心⋯⋯

畢竟這是你第一次發表簡報嘛。別緊張，我年輕的時候也是⋯⋯

前輩，時間緊迫，拜託了～

也是、也是。
那麼SWOT分析的結果如何呢？

嗯⋯⋯那個⋯⋯

好，有個好的開頭很重要，讓我們重新再整理一遍。
以下是SWOT分析的要素。

SWOT分析的要素

	正面因素	負面因素
內部環境（因素）	Strengths 優勢	Weaknesses 劣勢
外部環境（因素）	Opportunities 機會	Threats 威脅

接下來是SWOT交叉分析的表格。把要素相乘（交叉）分析後，就能找出只有單一要素時沒能發現的事物，以用更開闊的視野多方思考。

SWOT交叉分析的要素

	外部環境（因素）	
	Opportunities 機會	Threats 威脅
內部環境（因素）　Strengths 優勢	①機會×優勢	②威脅×優勢
Weaknesses 劣勢	③機會×劣勢	④威脅×劣勢

 項目①機會×優勢是用於思考如何把自家公司的「優勢」與「機會」相結合，這對於發展公司或事業時會很有幫助。

項目②威脅×優勢，則用於思考如何運用自家公司的「優勢」，來克服會造成「威脅」的事物，這種思考模式能幫助公司規避威脅或與之對抗。

 我們不能總是規避威脅，有時候也必須要對抗。這大概就是……不能逃避的意思吧。

 沒錯。再來項目③機會×劣勢，是要思考如何利用「機會」來彌補自身公司的「劣勢」，目的在於把自家公司的劣勢轉變成優勢，同時讓機會的好處最大化。

最後項目④威脅×劣勢，則是用於思索如何規避「威脅」，或是把它的影響降到最低，這種思考模式有助於提前擬定預防措施，做好準備以防萬一。

 的確，從平時就應該要為任何可能的狀況先想好因應對策呢。

為了能回答所有問題，不只優勢，我們也應該要好好思考劣勢。商業活動總是伴隨風險，如何盡可能減少劣勢反而才是簡報時的重點。

原來是這樣，我之前都只著重在思考優勢上。

做生意不可能全按計畫進行哦。要是都能照著計畫走，我現在早就……
也就是說，你也要試著徹底挖掘劣勢的部分。

我知道了！井上庵的這點需要改進、那點也需要改進，還有就是……

哇哦、哇哦，好厲害！還真是源源不絕啊……

就是說啊，有好多令人在意的地方。

我承認你有敏銳的洞察力，但你可要留意，講話別不經大腦，小心禍從口出啊……

小小冷知識

　　SWOT 分析也能用於商業以外的領域。

　　舉例來說，即便是 NPO 等非營利組織，也能把募款活動看成一項事業，這樣就能運用 SWOT 分析，制定「增加捐款的戰略」。

　　具體像是如何賦予動機，使人們願意捐款給自家組織（而不是捐給其他組織），這件事就能用機會和優勢來思考。

　　相反地，當募款狀況不如預期時，則能推測環境中可能存在劣勢或威脅。

　　嘗試用 SWOT 分析看待身邊事物，將有助於開拓您的視野哦。

亨利・明茲伯格

管理需適度調和「直覺（巧思）」、「經驗（技藝）」與「分析（科學）」。

明茲伯格的「經理人角色」

在明茲伯格先生於1975年發表的論文「The Manager's Job: Folklore and Fact」（中文：經理人的工作：傳說與真相）中，他把經理人角色分成3大層面（人員層面、資訊層面、行動層面），從而推導出經理人的10大角色。

另外，他在其於2019年出版的《Bedtime Stories for Managers: Farewell to Lofty Leadership…Welcome Engaging Management》（中文：明茲柏格給主管的睡前故事）一書中指出，自命不凡的領袖十分普遍，但腳踏實地的經理人卻明顯不足。

還有他也曾表示，即便再宏大的願景，也應基於實務經驗一筆一劃地描繪。

是什麼？

》 此行銷框架能用於分析市場，藉由發揮自家公司的優勢，拓展具競爭優勢的事業。

透過**市場細分**劃分市場，再利用**目標市場選擇**設定目標市場，並以**市場定位**決定自家公司的定位，最終達到提升公司競爭優勢的目的。

隨著市場需求多樣化，STP分析也越來越受到重視。

定義

》 此分析是取S=**Segmentation（市場細分）**、T=**Targeting（目標市場選擇）**、P=**Positioning（市場定位）**這3個單字的字首命名。

提倡者

》 **菲利普・科特勒（Philip Kotler）**：美國經濟學家。美國西北大學凱洛管理學院名譽教授。

是芝加哥大學經濟學碩士、麻省理工學院（MIT）經濟學博士。隨後更取得哈佛大學數學博士，以及芝加哥大學行為科學博士學位。此外，他也是PEST分析（P14）的提倡者。

關鍵字

》 ● 6 R

進行STP分析的「市場細分」和「目標市場選擇」時，人們會參考6R指標，藉由比較、考量各項指標能使整體戰略最佳化。

6R是由以下單字的字首構成：

1. **有效規模**（Realistic scale） 2. **優先順序**（Rank） 3. **成長率**（Rate of growth） 4. **競爭對手**（Rival） 5. **可觸及性**（Reach） 6. **反應可測量性**（Response）。

我想這間公司過去一定也做過類似STP的分析,不過這次有不同崗位的人共同參與,所以我們找到了以往沒有發現的觀點呢。

 真的耶。透過STP分析,我們才能了解到員工們各自對井上庵的未來有什麼想法。

 我整理了這次STP分析會議中大家提出的意見!

井上庵的STP分析

S	1. 主要客群:50歲左右女性 2. 當地顧客 3. 井上庵粉絲
T	A. 目的為自用、家用的購買者 B. 目的為季節性活動的購買者 C. 目的為送禮的購買者
P	A. 低價格帶 → 讓人想回購的美味 B. 中價格帶 → 比競爭對手更具吸引力的商品內容 C. 高價格帶 → 加強品牌力、高品質

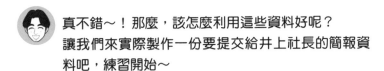 真不錯~!那麼,該怎麼利用這些資料好呢?
讓我們來實際製作一份要提交給井上社長的簡報資料吧,練習開始~

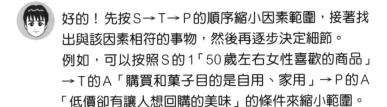 好的!先按S→T→P的順序縮小因素範圍,接著找出與該因素相符的事物,然後再逐步決定細節。
例如,可以按照S的1「50歲左右女性喜歡的商品」→T的A「購買和菓子目的是自用、家用」→P的A「低價卻有讓人想回購的美味」的條件來縮小範圍。

嗯嗯，接下來就要針對符合這些條件的商品進一步分析。

 是的，沒錯。現在也有不拘泥於STP順序，而是直接從P開始思考的做法。
此外，按照STP順序做完分析後，回頭再次確認也很重要。

 OK！那就請你整理這些分析結果，製作一份提案資料。我很期待你的簡報哦！

 好的！

小小冷知識

關於「目標市場選擇」的模式，科特勒提出以下3種方法。

無差異行銷

不加以細分，把單一商品盲目投入市場的方法。它適用於食品、生活消耗品等大量供應的商品，但隨著需求多元化，就算是大企業也逐漸不再採用這種手段。

差異化行銷

配合細分後的市場需求，將商品投入市場的方法。

然而此手法會需要付出與市場細分數量相應的行銷成本，也就是說當細分數量增加時，公司在資金、人力等方面的負擔也會隨之增加。

集中行銷

僅針對單一或少數的細分市場，把具有高需求的最佳產品投入市場的方法。它適用於利基市場、超高級市場或經營資源有限的公司。另一方面，由於此手法難以分散風險，較有可能會產生特殊風險。

6大分析❺ 4C分析

能不能請您協助填寫問卷呢？

好哇

顧客問卷中有一些苛刻的意見……

果然也會得到比較嚴厲的評價呢。

×店鋪老舊讓人不太想進去
○老店外觀令人感受到滿滿歷史價值
×我覺得好像不怎麼甜……？
○家人都喜歡的懷舊好滋味
×我覺得店員太熱情了
○我很感謝每位店員待客都很親切

好難讓所有人都滿意啊。

我根據問卷，用4C分析整理了顧客的心聲！

顧客價值 （Customer Value）	成本 （Cost）
・品質可靠、安全性 ・老字號品牌	・高品質低價格 （＝高CP值）
顧客便利性 （Convenience）	溝通 （Communication）
・方便又近的位置 ・開店時間	・貼心的待客服務 ・彈性的應對方式

讓我們進一步提升好項目吧！

》 此行銷框架是由**顧客價值、成本、顧客便利性、溝通**這4個C構成，能從消費者（顧客）的觀點分析商品或服務。

其概念並不是由公司開發產品或服務後，再向市場銷售的「產品輸出（Product Out）」，而是以「市場輸入（Market in）」的理念著手進行企畫與開發，以便擬定出從消費者需求出發的戰略。

顧客價值（Customer Value）

功能、品質、設計、
品牌形象等

成本（Cost）

經濟成本、時間成本、
心理成本等

顧客便利性（Convenience）

購買流程、支付手段、
配送等

溝通（Communication）

顧客接觸點、資訊傳播、
窗口、支援等

》 相對於從企業觀點出發來思考戰略的4P分析（P40），4C分析被定義為從顧客觀點出發的戰略。

雜誌《廣告時代》在1990年曾提出4P分析的手法已經過時（4P已死）的說法。

》 **羅伯特・勞特朋（Robert F. Lauterborn）**：北卡羅萊納大學教堂山分校新聞傳播學院的廣告學榮譽教授。在奇異公司（GE）的行銷領域工作了16年。

曾任國際商業行銷協會和商業廣告研究評議會會長，以及美國全國廣告商協會（ANA）的副會長等要職。

》 ●**IMC（Integrated Marketing Communication）：整合行銷傳播）**

在與消費者的溝通中，無論是透過什麼通路（Channel），都要以消費者的觀點傳達統一資訊。例如從廣告、網頁到店面的促銷和包裝等，現代有許多途徑都會成為與消費者的接觸點。

前輩，您覺得點心怎麼樣呢？

 嗯？點心嗎……雖然有點害羞，但我很喜歡哦。

 原來如此……那麼西式甜點與和菓子，您比較喜歡哪種？

 應該是比較喜歡西式甜點，因為我最喜歡鮮奶油了～還有巧克力，以及……

～前輩訪談結束～

 感謝您各方面的協助！

 話說，你問那麼多是要送我什麼嗎？
……離我的生日還有一段時間，難道是什麼能拿點心的活動……？

 不是不是，不是這樣的。
我在思考井上庵的4C分析，於是決定找各式各樣的人，詢問大家對點心有什麼印象、認為有何種存在意義、什麼商品會吸引人等，所以也向前輩問到了大叔類型的意見。
將前輩的意見整理後，我做出了下圖的4C分析。

竹田前輩的4C分析　　　　　　　　調查日：20XX/05/15

顧客價值（Customer Value）	成本（Cost）
老字號品牌、高雅、安心感、溫和、實在的味道	覺得划算的價格在200日圓～400日圓
顧客便利性（Convenience）	**溝通（Communication）**
能在百貨公司購買、可以網購的地方商店	資深店員帶給人好印象員工教育確實會留下好印象

嗯～這樣是不錯啦，大叔的……
咦！你剛剛是不是說了大叔!?

啊……沒有呀，一定是您的錯覺吧。
我怎麼可能說前輩是大叔呢？大叔什麼的……

才門啊，你絕對有在暗地裡叫我大叔或老頭吧？

不不，我怎麼可能用那種方式稱呼我尊敬的前輩呢？
我可從沒認為您是大叔哦。對吧，笠井小姐！

該怎麼說～？我不知道呢。
雖然我也不知道你們在偷偷講什麼，這麼興奮的～

小小冷知識

要進行4C分析時，必須先用STP分析（參照P32）來規劃銷售戰略。

基於STP分析得出的結果進行4C分析後，就能推出光靠4P分析無法得到的戰略。

然而要是4C分析的顧客觀點不夠充分，將導致4P的企業觀點佔上風，又或者很可能兩者都從不夠充分的錯誤觀點下去分析，因此每種分析手段都必須徹底執行。

Product（產品）	Price（價格）
35歲以下的人 會定期購買的商品	300～800日圓 （有點奢侈、享受的）
Promotion（促銷）	**Place（通路）**
SNS、雜誌、 電視等媒體	參加甜點類的活動、 網路販售、批發

是什麼？ 》它是E‧傑羅姆‧麥卡錫於1960年出版的《Basic Marketing》中提出的理論。

是一種利用**Product（產品）、Price（價格）、Place（通路）、Promotion（促銷）**這4因素進行分析的行銷框架。人們將其視為行銷戰略的基礎，也有人稱之為「行銷組合」。

定義 》使用適當的組合與變量，就能以這行銷4因素，規劃出優秀的行銷企畫，從而顯著改善業績。

而把4P分析的4因素分別以顧客觀點重新定義後，即是所謂的4C分析，此分析也是廣為人知的行銷基礎。

提倡者 》**E‧傑羅姆‧麥卡錫（Edmund Jerome McCarthy）：**美國密西根州立大學行銷領域的教授。於明尼蘇達大學取得博士學位（Ph.D.）。為支援企業技術創新之組織——Planned Innovation Institute的創始人。

關鍵字 》●**消費者行為**

意指**消費者購買產品時的決策過程**等，其考察涉及了行為科學、心理學與社會學等多個領域。

它能研究單靠經濟學理論無法解釋的決策過程，這對行銷策劃很有幫助。

●**行銷組合**

意指組合各種行銷戰略，擬定具體的戰略與執行計畫。也叫「**實行戰略**」。

代表的分析手段有**4P**（賣方、企業端的觀點）與**4C**（買方、顧客端的觀點）等。

重點是組合的戰略之間不能相互矛盾，這樣才能和諧地創造出相輔相成的效果。

那麼，井上庵的４Ｐ分析該如何落實到戰略中呢？

 井上庵的目標是35歲以下的客群，我想規畫這群人能輕易購買、輕鬆接受的經典商品。

 的確，回購率高的商品都是些老套又一成不變的東西呢⋯⋯
為了跟上時代，井上庵必須推出新的經典商品。

 我的想法是這樣的！

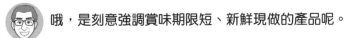

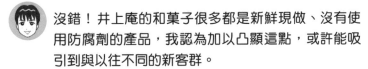

Product（產品）	Price（價格）
35歲以下顧客定期購買的商品 →小包裝的軟麻糬點心	300〜800日圓 →350日圓（正統且高品質）
Promotion（促銷）	Place（通路）
在媒體以生和菓子來宣傳	賞味期限短， 因此在店面以限定數量販售

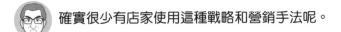

哦，是刻意強調賞味期限短、新鮮現做的產品呢。

沒錯！井上庵的和菓子很多都是新鮮現做、沒有使用防腐劑的產品，我認為加以凸顯這點，或許能吸引到與以往不同的新客群。

確實很少有店家使用這種戰略和營銷手法呢。

Product（產品）方面，我希望是將既有商品大福加以變化的商品。
此外，Price（價格）方面，原有的大福是200日圓到280日圓，在考慮附加價值與包裝作業後，我把價格訂在350日圓。5入組的價格則壓在2000日圓以下。

嗯嗯，很不錯呢。
Place（通路）的部分我也很好奇……

 關於Place（通路），我想先從距離店鋪半徑50 km
內的商店或活動開始嘗試。
我認為若能在製造後1小時內送達，就能提供「新
鮮現做」的品質。
另外，Promotion（促銷）方面，我想也能以此做為
賣點來宣傳。

 我瞭解了，感覺很有趣。
那麼就請你在下次的例行會議中提案。記得要整理
一份有具體數字的企畫書。

 好的！

小小冷知識

在麥卡錫提出4P之前，人們主要
都在討論行銷上的功能與作用等，也
就是功能途徑的層面，但隨著他的作
品《Basic Marketing》問世，大家探
討的主題便轉向了管理途徑。

然而考量到，1960年代提出4P分
析時的美國社會情勢和行銷手段（大
量生產、大量消費、大眾行銷），與當
今時代背景有所不同，現在搭配4C和
STP等其他框架一起思考也非常重要。

明日之星	問題兒童
鹽大福 燒菓子	日式饅頭 季節限定商品
金牛	老狗
生菓子 乾菓子	羊羹 最中餅

是什麼？

>> 此框架能決定經營資源重新分配時的優先順序，使經營資源得到妥善運用。

它是透過市場成長率（縱軸）與市場佔有率（橫軸）這2軸，以矩陣來劃分自家公司的事業。

PPM分析

高		
市場成長率	明日之星 Star	問題兒童 Problem Child
低	金牛 Cash Cow	老狗 Dog

高 ◀ 市場佔有率 ▶ 低

定義

>> **金牛（Cash Cow）**：成長率低，但市佔率高的事業，就算不投資也能輕鬆獲利。

明日之星（Star）：成長率高，市佔率也高的事業，是必須投入資金與人力的項目。

問題兒童（Problem Child）：成長率高，但市佔率低的事業，雖然未來值得期待，但同時也伴隨高風險。

老狗（Dog）：成長率和市佔率都低的事業，符合此分類的事業基本上大多應盡早撤出為妙。

提倡者

>> **國際專案管理學會（PMI）**：1969年成立的一間美國非營利團體，目標對象是全球幾乎所有國家中，從事有關專案管理工作的人員，專門提供職涯發展或組織，強化相關的教育和工具。

關鍵字

>> ●**國際專案管理師（PMP，Project Management Professional）**：PMI機構認證的專案管理國際資格。

我最近接受了統計培訓，於是想說用PPM來分析一下井上庵的銷售額。
沒想到得到了有些出乎意料的結果。

哦，你發現了什麼嗎？

羊羹和最中餅居然是老狗。

感覺好像能理解，又不太能理解……

我印象裡，最中餅似乎本來就不太暢銷，在店裡也不是很醒目的商品，因此它的結果還算是在預料之中。但羊羹不僅是井上社長最喜歡的點心，連我自己也覺得它實際上應該賣得還不錯，可銷售數量和成長率卻全完不是如此……

嗯，羊羹確實很少有人會買來自己吃，算是滿特殊的存在呢。

就是說啊……
除此之外，從生產流程和生產成本面來看，它的利潤也很低……

就某種意義上來說，井上社長感覺還是會想繼續做下去，你有什麼打算嗎？

即使數量賣得沒那麼多，但它還是有經常性需求，而且是支持度高、銷量穩定的產品，所以我打算提議更改定價。

嗯，購買羊羹和最中餅的顧客，平均銷售額的確比其他人還多了800日圓以上。

這樣的話，與其保守選擇縮小事業規模或撤出，還不如擬定戰略，促使其他不太購買羊羹或最中餅的顧客也願意購買。

 我也是這麼認為，並想把它們提升到金牛的地位。

 井上庵附近沒有銷售羊羹的店鋪，常客們應該很珍惜，來想想如何讓羊羹和最中餅谷底翻身吧！

 好的！

小小冷知識

奇異公司（GE）與麥肯錫公司曾提出過類似PPM分析的矩陣。

GE的經營分析矩陣中，縱軸是「產業吸引力」，橫軸則是「競爭優勢」，並由此把事業類型分成了9大類。

由於它劃分得比PPM更細，也因此更加靈活，更容易應用於大規模或事業部門多的公司，或是尚未有市場的新事業。

奇異經營分析矩陣（GE business screen matrix）

		強	中	弱
產業吸引力	高	投資、成長	投資、成長	維持現狀
	中	投資、成長	維持現狀	收割、撤資
	低	維持現狀	收割、撤資	收割、撤資

競爭優勢（自家公司的強項）

08

藍海策略

這樣很快就會面臨紅海市場局面，修改一下吧！

咦？

點心很容易被模仿，也很容易退流行，建議你可以更大膽地思考哦。

感覺……可能會被駁回？

原來如此～

那麼用和菓子做的婚禮蛋糕如何……

不錯！就是那樣，別被既有觀念束縛了。

我很期待年輕人的創意哦！

好的！

嘿嘿勃勃

戰略內容是？

》 **此戰略目的是創造過去沒有的新市場，以便在沒有競爭者，或競爭者較少的環境下開展事業。**

若是自己創造了全新市場，就能在幾乎沒有競爭者的環境中發展獨佔事業，搶得先進者優勢。

定義

》 企業間競爭激烈的市場空間叫「紅海市場」，相反地，沒有競爭的新市場空間就是「**藍海市場**」。

提倡者

》 **金偉燦（W. Chan Kim）：**歐洲工商管理學院藍海策略中心（IBOSI）的共同主持人。

曾在歐美、亞洲太平洋區域眾多跨國企業中擔任董事或顧問，是歐盟（EU）的顧問成員。此外，他也是世界經濟論壇的研究員。

勒妮・莫博涅（Renée Mauborgne）：歐洲工商管理學院的特聘研究員兼教授（戰略理論）兼IBOSI的共同主持人。歐巴馬政府的傳統黑人大學（HBCU）倡議諮詢委員會成員。她也是世界經濟論壇的研究員。

關鍵字

》 **●行動架構**

藉由「消去」、「提升」、「降低」、「創造」這4項行動，對比自身所處的業界或其他公司的措施，把自家公司的事業視覺化並重新整頓，從而創造出藍海市場。

●策略草圖

此圖的橫軸為競爭因素，縱軸則是因素的等級高低，能用於比較自家公司與其他公司分別採行的措施。

各競爭因素上的點連成的線條如果與其他公司的線條有差異，就代表有很大機會能開創新市場。

我製作了一份資料，這個，妳覺得如何呢？

什麼？我看看……和菓子老店的新甜點事業啊，感覺還不錯啊。

真的嗎!?太好了。

不過，上面寫著「藍海策略」，這部分你有好好調查了嗎？

當然，我有好好調查了哦。我問了公司裡熟悉甜點的人、經常需要找伴手禮的祕書組人員，還有平時負責安排點心的總務人員，然後得出了這些想法。

這樣啊……不過，甜點的流行來得快也去得快，感覺馬上就會陷入紅海市場的處境？這方面你有什麼規劃嗎？

這麼說，好像也是……

這不是商品企畫的提案書，這部分你也得考慮清楚才行。
來，拿回去重做吧～加油啊～

嗚嗚……我明明連週末都努力了……

想要找到藍海本來就沒那麼容易哦。你要不要朝完全不同的方向去想想看？現在就連便利商店都有賣和菓子，在制定可能成為藍海的企畫時，這件事也必須要考慮進去呢。

嗯～啊，那麼，和菓子移動販賣妳覺得如何？

 和菓子的移動販賣啊。這麼說來，好像還真沒看過呢。就往那個方向調查看看？

 我會的！謝謝妳！

 雖然我也沒做什麼……
但要是你有寫出不錯的企畫，我會期待你送美味的和菓子來感謝我～還有，要找試吃員的話我隨時都沒問題哦♪

 真是的，笠井小姐就是這麼鬼靈精怪呢～

小小冷知識

　　藍海也只有在最開始的時候是藍色。嗅覺敏銳的人能先發現商機，但要是其他人也覺得「這門生意有成長性、有賺頭」，就會開始競相模仿、加入，導致新市場逐漸變成紅海。

　　所謂流行來得快也去得快，這種傾向在流行商品和甜點等領域十分常見。

　　就算想透過取得專利來阻止紅海發生，其他企業也可能見縫插針進入市場。此外，也有不少始祖公司，因資本實力差距，結果敗給後來崛起的企業，最終走向滅亡的例子。

　　然而，我們其實也能透過縮小市場，來確保獲得一定程度的藍海市場。

　　例如以下這種經常發生的狀況：雖然在東京有很多競爭對手，但轉往其他地區後就完全沒有敵人的案例。

　　當然，沒有敵人也可能意味著市場規模非常小，所以就算沒有競爭者，也不能斷定那一定就是藍海。換句話說，我們必須時常確認對於藍海市場的定義，找出該用什麼基準來認定藍海市場。

第 **2** 章

絕對要掌握的基本戰略

本章主要介紹能用於各種商業情境中的實踐型戰略。
從人們普遍運用的戰略，到近代剛出現的新型戰略，
希望大家能從這些實際用於商業中的知名戰略找到靈
感，加以實踐、活用。

這裡我們要來學習如何管理、操作和革新企業的品牌，同時思考如何提升和發展企業價值。

此外，我們還會認識經常用於實際商業活動中的「優勢策略」、「蘭徹斯特策略」等戰略，靈活運用「進攻」、「防守」，就能在商場上見機行事！

科特勒的「品牌命名策略」好難啊……

或許其中可能牽涉到各種因素，不過，雖然有些產品在改名後變得暢銷，但也有變得乏人問津的例子。

如何命名才能命中市場，這的確很難知道呢……

我在替和菓子新品命名時，嘗試把井上庵的羅馬拼音INOUE翻成外文，

結果發現它的法文有「聞所未聞」的意思！

咦～！

和菓子新品的設計長這樣。

要說「聞所未聞」，應該就是這種感覺吧？

哇哈哈哈哈哈！

戰略內容是？

>> **這是與品牌命名相關的戰略，目的是透過品牌名稱取得競爭上的優勢。** 品牌名稱和LOGO、標誌、設計、包裝等，同樣都是構成品牌的重要元素之一。在開展事業時，好的品牌名稱能帶來差異化、提升知名度等優勢。

定義

>> 科特勒提出了品牌命名時的5大理想要件。
- ・顯示有關產品優點的重要資訊
- ・顯示產品的功能與顏色等品質資訊
- ・容易發音、容易辨識、容易記住
- ・獨一無二
- ・在其他國家或語言中，沒有負面意思

提倡者

>> **菲利普・科特勒（Philip Kotler）：** 美國經濟學家。美國西北大學凱洛管理學院名譽教授。在取得芝加哥大學經濟學碩士學位後，又獲得了麻省理工學院（MIT）的經濟學博士學位。
同時，也是PEST分析（P14）、STP分析（P32）的提倡者。

關鍵字

>> 〈構成品牌的3要素〉

● **品牌識別**
品牌象徵的價值（願景或特色）。

● **抽象的品牌媒體**
體現品牌識別的事物，可大分為風格（LOGO等視覺元素）與代碼（廣告標語等）。

● **有形的品牌媒體**
電視廣告、招牌和商品等，把風格和代碼等視覺化的事物。

很少聽說有和菓子店或老店，會積極推動品牌命名策略呢？

是啊～感覺有重大變化時才會這麼做，例如換下一代接手，或是新店開張等。

就是說啊。增加品牌數量是很簡單，但之後的管理和提升知名度卻很費力呢。

沒錯沒錯。也有不少案例雖然討論出了新品牌，但由於老店的關係，最終還是無法貿然改名呢。

這種情況還真是令人焦急……畢竟保護、傳承歷史的責任重大啊……

新品牌名稱若能順利被識別和滲透那倒還好，但若不奏效，可能失去老客戶，甚至沒能如預期般推廣給新客群，搞不好落得兩頭皆空呢……

話說回來，品牌命名策略到底包含了哪些範圍呢？

問得好！品牌命名策略除了企業名稱外，也包含商品名稱、不同集團的品牌名稱等，所有與「名稱」相關的事物都在範圍內哦。
雖然品牌的用法有很多種模式，但思考戰略的方式是一樣的，所以不用擔心。

我了解了！
品牌命名策略的內容就像這樣對吧？

品牌命名策略的要素

	產品類型	
	同 質	異 質
同質	家族品牌 （Family Brand）	聯名 （Dual Branding）
	細分家族品牌（Segmented Family Brand）	
異質	品牌加等級 （Brand Plus Grade）	個別品牌 （Individual Brand）

（左側：目標市場（品牌名稱））

家族品牌…取相同的品牌名稱，更容易被市場接受，還能營造整體感。

聯名…利用相同品牌名稱賦予知名度的同時，又用個別的產品品牌做出差異。

品牌加等級…利用相同品牌名稱賦予知名度的同時，替每個目標市場設定不同等級。

個別品牌…不使用相同品牌名稱，而是創造一個獨立存在的新品牌。就算發展失敗，也不會損及既有品牌的形象。

細分家族品牌…將相似的產品線分成數個品牌後，分別賦予各自的品牌名稱。

哦，你記得很清楚嘛！
看來你有好好研究了呢。我認為井上庵也不是完全沒有考慮新品牌名稱，建議你可以先整理一些適合

的點子，以便日後能隨時討論這個話題。

 我知道了！（真是身負重任啊～）

小小冷知識

品牌能根據品牌的「使用者」分成以下3類。

①全國性品牌
　（National brand）
②自有品牌
　（Private Brand）
③通用品牌
　（Generic Brand）

全國性品牌（製造商品牌）標示為NB，是企業（製造商）替製造、銷售的產品命名的品牌。

主要是指在全國範圍內大量生產、大量銷售的商品，且具備高品質與高知名度。

另一方面，自有品牌（銷售商品牌）則標示為PB，這是由零售商或批發商自行規劃、銷售的獨家品牌。

由於不需要廣告費和包裝費用，這些結合顧客需求的商品，和類似於NB的商品相比，能以較低的價格製造、銷售。再加上零售店能自行決定售價，價格不受到製造商的控制，使自有品牌能賺取更高的利潤。

最後，通用品牌則是指沒有特別取品牌名稱，僅標示商品類別（水、茶、洗髮精）等一般商品名稱的產品。

這些產品不同於自有品牌，是模仿競爭品牌製造的低價產品，又稱為無品牌（No Brand）。

菲利普・科特勒

行銷一天就能學會，但熟練運用卻要花上一輩子。

科特勒的進化行銷理論

　　2018年時，科特勒在日本所舉辦的日本版「Kotler Award」──「KOTLER AWARD JAPAN 2018」上，針對行銷發表了以下論述。

　　「過去的行銷，是思考如何把生產的東西賣出去；但新的行銷，則是我們自己決定應該生產什麼東西。

　　此外，我們不該只是做出應有的東西，而更要著重於它是否有所創新。」

　　他更指出過去的行銷組合4P（Product, Price,Place, Promotion）也有必要進行擴充，變成由「Product、Price、Service、Brand、Incentives、Communication、Delivery」這7個項目構成的新行銷組合。

創新策略中，技術斷層和負責人不一致是不可避免的問題……

轉職、離職、生病、受傷……

現在的井上庵，少了誰都會造成很大的損失……

話雖如此，但也沒有多餘資源能雇用新人……

好！來投資邊防守邊進攻的人才教育吧！

社長，這樣、那樣……

咦～那是什麼？

井上庵

在獲得各種新觀點後，也更能體諒其他部門的辛勞呢。

其他部門體驗DAY

員工⇒工廠

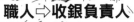

職人⇒收銀負責人　　工讀生⇒辦公室

>> 戰略內容是？

此戰略是藉由持續採取積極的創新策略，在克服技術、人員產生斷層的同時，確保企業能維持競爭優勢。

為了能從競爭中勝出，公司需要邊防守邊進攻，也就是在守住舊有創新的同時，也必須積極不斷地投資下個新的創新。

>> 定義

創新策略相關的競爭因素包含「S曲線」、「進攻者優勢原則」、「技術不連續性」這3個概念。

S型曲線⋯構成此曲線圖的縱軸是成果，橫軸則是投入的勞力和資源。它能顯示企業為創新投入的資金、勞力，與投資成果（主要為產品性能提升）之間的關係。又稱為「西格瑪曲線」（Sigmoid Curve）。

進攻者優勢原則⋯積極投入創新，帶來競爭優勢的概念。

技術不連續性⋯意指從目前技術移往新技術時，由於負責人的變更，導致技術無法延續的狀況。

>> 提倡者

理查德・N・福斯特（Richard N. Foster）： 知名管理顧問公司——麥肯錫公司的前董事兼資深合夥人。「S曲線模型」的發明者。

>> 關鍵字

●第二曲線
這種雙S曲線圖能反映出技術革新時的特色。它所展現的概念是，在新技術開發初期，投入的勞力與資金相對較難反映到成果上。當到達某個階段時，成果就會開始急遽顯現，直到下個階段，成果逐漸消失後，換其他新的技術嶄露頭角。

我知道必須要挑戰新事物……
卻遲遲無法行動……

 是資金還是人員方面的問題呢？

 也許那些都有關係，但我認為，更大的問題在於組織和公司整體。

 也就是說……您認為是什麼原因呢？

 我們雖然有想採納新措施的打算，但只要有保守意識出現，就很難持續下去。

 原來如此，是很難「持續創新」的意思吧。

 一旦想要守住主力商品，就會產生害怕失敗的消極想法。即便嘗試了新挑戰，在取得成果之前，我們也會為了避免鑄成大錯，最後無疾而終。

 這種時候正需要創新策略！

 創新策略？

 現在的井上庵，就算好不容易採納了新商品，也會在它變成能超越鹽大福的主力商品前，就停止製造或開發。我認為這種狀況並不算真正的創新。

 的確，雖然我們過去曾多次傾注心力，嘗試開發新商品，但卻沒有花1～2年的時間持續創新或培育。

從創新策略的觀點來看，我們不該採取保守的姿態，而應該要嘗試積極挑戰，創造出能超越現況的新技術，我認為這件事對井上庵的未來發展很有必要！

 說的也是……為了在邁向下個時代的期間不要被時代淘汰，我們來制定長期計畫，迎接新的挑戰吧！

 我很期待！現在馬上就來整理創新策略中需要的資料吧！

小小冷知識

　　各位知道嗎？2019年時，日本經濟產業省與組織「創新100委員會」共同制定了日本對於創新的定義。※

　　該「創新」定義不僅止於研究開發活動，更包含了①藉由能解決社會、顧客問題的革新手段（技術、構想）創造新價值（產品、服務）。②普及、滲透至社會和顧客層面。③獲得商業上的報酬（現金）等一列的活動。

※日本企業的價值創造管理相關行動指南

才門君，如果要開新店，你覺得該開在哪裡好？

咦？您打算要開新店舖嗎？

不不，我只是說假設，因為在思考包含搬遷以內的未來計畫……

原來是這樣……

根據優勢策略，我認為應該選在車站附近呢……

優勢……什麼？

是「優勢策略」！

這是一種集中在特定地區展店，以謀求獨佔市場的經營戰略哦！

戰略內容是？

》 這是零售業在拓展連鎖店時，**鎖定特定地區，於該區域內集中展店的一種戰略。**

利用這種策略能提高營運效率，擴大區域內的市佔率，從而比其他零售業者佔有更多的優勢。

當優勢策略奏效後，其他競爭公司將很難再滲透進該區域。

定義

》 優勢策略的英文是Dominant Strategy，其中Dominant有「支配的」、「最有力的」等意思，而其策略手段一如其意，就是在特定地區集中展店。

這種經營手法、展店策略的目的在於集中覆蓋某個地區，以便獲得較高的市佔率或壟斷地位。

此外，集中展店的目標地區又稱為**「優勢區」（Dominant Area）**。

提倡者

》 提倡者不明。

不過，在數學家約翰・馮諾伊曼，與經濟學家奧斯卡・莫根施特恩合著的《賽局理論與經濟行為》（1944年）中，有提到奈許均衡等賽局理論，其中支配性策略的概念能作為思考優勢策略時的參考。

關鍵字

》 ●**奈許均衡（Nash Equilibrium）**

賽局理論中非合作賽局的基本概念，它指的是，賽局所有參與者都以其他玩家的策略為前提，**互相選擇自身能獲得最大利益的最佳策略**，從而達到維持現狀的一種均衡狀態。

奈許均衡著名的例子有**「囚徒困境」**等。此外，也有多個奈許均衡同時存在的情況。

井上社長好像正在著眼未來，思考新店舖和搬遷的事情。

 這樣啊，的確也有可能遇到店鋪重建或開設分店的情況呢。

 我用優勢策略的角度思考後，覺得也許可以考慮以附近的車站為據點……

 你為什麼這麼認為呢？

 以開設分店來說，或許其他地區也很不錯。但有鑑於井上庵目前的規模，我覺得還是在有其知名度的地方落腳比較合適。

如果在附近開店，能利用店鋪現有的生產設備，進而提高生產效率。而且要是發生什麼事情，也能馬上趕過去查看。

 確實是如此呢。

優勢策略的好處就是能在特定地區提高知名度，還能在該區域進行最佳行銷，更能防止其他競爭公司滲透。

不僅如此，配送效率提升的話，也能節省物流費用，降低各項成本哦。

 沒錯，我也這麼想。

 不過，缺點方面則有容易受地區環境變化（自然災害、人口減少等）影響、公司內部爭搶客戶、難以擴大展店區域等問題。

此外，一旦產生負面形象，便有高機率受到重創，這點也需要多留意哦。

一般優勢策略的想法是開展多間店鋪，但就算只有2間店，對於中小企業或微型企業來說也是很大的負擔呢。

就是說啊。不過，就算是中堅企業或大型企業，隨著店鋪數量越多，所承擔的損失風險也與單間店鋪相差越大，所以千萬不能大意哦。

的確，如果沒有相當的資本實力，卻一口氣投入將近全部的資本去進攻，很可能面臨資金週轉不靈的危機呢。

沒錯，迅速擴張結果面臨經營危機的例子也不在少數，例如一些創業投資公司等。

為了讓井上庵能延續個150年、200年，沒必要勉強擴大規模呢！

小小冷知識

優勢策略屬於蘭徹斯特策略。在特定區域展店业力求市佔率第一的戰略中，這是連弱者也能實行的一種戰略。

進行優勢策略時，不只地區（商圈）的選擇很重要，所選擇的地區還必須要有足夠需求，優勢策略才能奏效。若需求太少，就可能引發內部互相爭奪顧客的情況。

此外，如果區域內的需求沒有持續增長，例如人口沒有持續成長時，優勢策略也終將到達極限，最後仍會演變成互相爭奪客戶的局面。

大型企業在採行優勢策略時，還有分成加盟店，或總部能按自身想法自由執行、變更經營策略的直營店等形式，不同展店方式也會影響優勢策略的結果。

明天是兒童節。

今年該推出什麼商品呢⋯

我們來用賽局理論思考這個問題吧。

去年銷售第1的是柏餅，前年則是印有兒童節LOGO的大福賣得最好。

去年

前年 大福

柏餅

話說去年的兒童節是下雨的週日。

前年則是出太陽的週六。

週六 + → 兒童節

週日 + ☂ →

今年是週五⋯⋯天氣預報顯示，是多雲偶陣雨呢。

平日加雨天啊⋯顧客會想要買什麼商品呢？嗯⋯⋯

是什麼？

》 賽局理論**是一種數學理論**，用於在與對手存在利害關係的狀況下，**預測對手的行動，同時思考該行動對自己的策略會有什麼影響。**

它能應用在社會、經濟、商業等領域。針對各情境下出現的問題，賽局理論會把參與其中的個人、企業或政府等視為玩家，用數學邏輯來分析各個玩家將採取什麼行動，以便獲得最佳的解方。

定義

》 個體經濟學將決策狀態比擬為博弈，而賽局理論即是屬於個體經濟學的一個分支。當參與玩家皆採取對自己最有利的策略時，賽局理論將這種狀態稱為「**奈許均衡**」。

提倡者

》 **約翰・馮・諾伊曼**（John von Neumann）：出生於匈牙利的數學家。他也是二戰原子彈開發、以及之後核能政策制定的知名參與者。

此外，諾伊曼在普林斯頓大學的量子力學、賽局理論和氣象學等多個領域皆有斬獲，成就斐然。

在布達佩斯大學就學期間，他還同時攻讀了柏林大學和蘇黎世聯邦理工學院，取得數學以外的學位。愛因斯坦曾稱其為「世界第一的天才」。

關鍵字

》 ●囚徒困境

賽局理論的模型之一，意指**當每位玩家都選擇自身能獲得最大利益的選項（絕對優勢策略）時，將招來比合作更糟糕的結果。**

舉例來說，假設有2名共犯，其中一方若選擇背叛並自首就能獲得減刑，但雙方都自首的話，則將面臨最重的刑期。在這種情況下，如果雙方都只顧自身利益選擇自首，反而會導致刑期加重。

你在做井上庵兒童節的銷售預測嗎？

 是的。部長家在兒童節時會買和菓子嗎？

 嗯，我自己是不會買，但我媽媽會帶柏餅來家裡拜訪呢。

而且大家最近更傾向購買兒童節蛋糕吧？畢竟比起和菓子，小孩更喜歡蛋糕。

你看，現在還有做成武士頭盔形狀的蛋糕等各種西式點心呢。

 原來如此～

除了最近的流行外，兒童節是週幾、天氣如何等各種因素加在一起後，實在難預測呢。

 你預測的情況大概是怎麼樣呢？

 首先日期這方面，今年兒童節是週五，感覺大家很可能會選擇在下班路上買回家。

雖然資料不多，但週五的銷售額相對比較好。

 可是，如果想在兒童節當天慶祝，工作結束才去買會不會太晚了啊？

就算在當天買，可能也不會用於正式慶祝，而是有點追加……的感覺？

 啊，的確是那樣呢。我完全遺漏了這點……

這樣的話，大家會在下班路上買回家吃，還是當成週末的點心呢……真不知道該怎麼做。

那麼，不如把銷售期間提前一些，採取加強事前銷售的策略如何？

說的也是！我試著從這個方向思考看看。

～幾天後～

兒童節的銷售計畫完成了！內容是這樣！

喔喔～變成了整整1週的兒童節WEEK促銷活動了啊。
這點子有點新奇，感覺能吸引到許多不同的客群呢！

我和師傅們討論後，他們表示製作日更商品不會花太多功夫，於是我策畫了這個史無前例的企畫，以「今年來過豪華兒童節」的口號，一週七天，每天都上架不同的兒童節點心。
井上庵的大家也都對這個計畫讚不絕口呢！

NICE！接下來就要確認一週天氣，分析哪種天氣、什麼商品會比較熱銷，再來準備商品，這樣才能以預告的方式進行宣傳。

沒有錯！店鋪已參考以往的銷售業績，對常規商品進行減產，這段期間都會把重心放在兒童節相關的產商品上。
因為商品每天都會變換，我想顧客們應該也會興致勃勃地考慮要買哪樣商品。

為了應用賽局理論提升銷售額，你可要努力不懈地準備，加油！

小小冷知識

賽局理論提倡者約翰・馮・諾伊曼，在美國普林斯頓大學的普林斯頓高等研究院擔任教授時，曾與愛因斯坦共同展開研究。

他曾提出現在電腦的基礎理論，因此，運用該理論設計而成的電腦又被稱為「諾伊曼型電腦」（開發者另有其人）。

賽局理論有**「玩家」**、**「策略」**、**「得失」**這3個基本要素。

根據玩家人數，賽局可分成「雙人賽局／多人賽局」。

此外，依據玩家之間是否採取合作行為，又能分成「合作賽局／非合作賽局」。

再來，賽局中得失的總和是否一定，則會決定它是「定和賽局／非定和賽局」，其中，正負得失總和為零的定和賽局，又叫「零和賽局」。

諾伊曼的這項理論，成功證明「人類決策會互相影響」這件事，並且能轉化為數學的形式來討論。

約翰・馮・諾伊曼

思考才是第一語言，
數學則是第二語言。
數學不過是建立在思考上的
一種語言。

存在於生活中的賽局理論

　　約翰・馮・諾伊曼提倡的賽局理論，現在也被人們應用於日常生活的各個情境中。

　　其中不乏許多體現了「囚徒困境」的事例，像是企業間的削價競爭、囤貨、拍賣等行為。

　　除此之外，垃圾分類、塑膠垃圾、托兒所名額分配情況等，也都能套用「囚徒困境」的思考方式。

　　另外，還有一種相對於囚徒困境的理論叫做「膽小鬼賽局」（chicken game）。

　　在囚徒困境中，無論對手採取什麼行動，玩家都能選擇最有利的策略，但膽小鬼賽局則必須依據對手的行動，玩家才能做出最佳選擇。

　　膽小鬼賽局所指的情況是，當兩人各駕駛一台車，面對面朝彼此直線前進時，為避免撞上而先踩下煞車的「膽小鬼」就是輸家。

　　而這個理論主要用於談判的場合。

孫子：「不戰而屈人之兵，善之善者也。」

啊～！事情要是有那麼簡單，我哪還會這麼辛苦啊～

要「活用自己既有的優勢」嗎……

對了！如果是井上庵的職人們，就算是不合理的要求，他們也會想辦法克服！

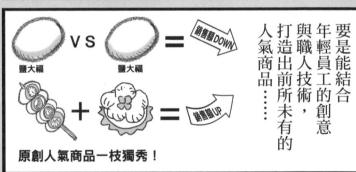

要是能結合年輕員工的創意與職人技術，打造出前所未有的人氣商品……

鹽大福 VS 鹽大福 = 銷售額DOWN

+ = 銷售額UP

原創人氣商品一枝獨秀！

「不用戰鬥就能贏過」競爭店鋪！

咚

井上庵

戰略內容是？

>> 孫子兵法並不是為了在戰鬥中求勝的直接打法或戰略，而是一種戰前的心理準備，可以說是為了不戰而勝的策略，或是為了讓對手喪失鬥志的戰略。

比起透過競爭取得勝利，能在敵我雙方都不用受傷、不用戰鬥的狀態下獲勝才是上上之策，競爭不斷的狀況反而很危險。

此外，獨特思想亦是孫子兵法的特色。例如兵法中認為，最好用意料之外的手段來避免戰爭，且萬一發生衝突，也不該曠日持久。

定義

>> 孫子是公元前500年左右，中國春秋戰國時代的軍事家，其論及的兵法被統稱為《孫子兵法》。孫子兵法由「**始計**」、「**作戰**」、「**謀攻**」、「**軍形**」、「**兵勢**」、「**虛實**」、「**軍爭**」、「**九變**」、「**行軍**」、「**地形**」、「**九地**」、「**火攻**」、「**用間**」共13篇構成，每篇都介紹了兵法中的重要因素。

而兵法一詞是指戰鬥相關的學問和戰法。

提倡者

>> **孫子**：中國軍事家。他是春秋時代吳國的將軍，名叫孫武。但也有人認為孫子是孫武的子孫，即為戰國時代齊國的孫臏。

另外，在提到其著書《孫子兵法》時，人們指的是由《孫子兵法》、《孫臏兵法》兩部竹簡構成的作品。

關鍵字

>> ●**春秋戰國時代**

這是公元前8世紀到公元前3世紀，中國政局動盪的時代，整體又可分為春秋與戰國兩個時代。

春秋時代始於東周平王即位的公元前770年，戰國時代則始於三家分晉，也就是晉國被韓、趙、魏三氏為首的晉大夫勢力瓜分的時代，然而更有力的說法是，戰國應始於3氏正式被封為諸侯的公元前403年。

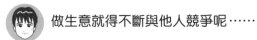

做生意就得不斷與他人競爭呢……

是啊，不過也有句話是「真正的勝利是不戰而勝」。

咦？不戰而勝？
是指在暗地裡設陷阱，還是花時間把對手逼到絕境，然後等對方自然消滅之類的嗎？

不是不是，是孫子兵法哦。

孫子兵法……？
我好像有聽過，它是在講什麼呢？

孫子兵法中有句話是「不戰而屈人之兵，善之善者也。」
用現在的話翻譯，意思就是「不用戰鬥就使敵方屈服，是最佳的策略」。

原來如此～不過具體該怎麼做呢？

就是不與對手直接對決，而是在不競爭，也就是沒有消耗的狀態下拓展勢力，或藉由創造新市場來取得成果。

例如推出只有井上庵才做得出來的點心嗎？

沒錯沒錯。不過，如果盲目開展新事業負擔會太重，重點應該擺在如何活用既有技術上……
就算在西點領域開發出獨家商品，那樣也很快就會面臨與西點店的新競爭吧？

確實是那樣。
獨家的商品……話雖如此，但要是以前不是競爭對手的人也變成對手，那可就糟了呢……

這就必須分析和菓子這個領域，以及目前的經營範圍，以便從確立潛在競爭對手的基礎上思考。

那麼，井上庵不戰而勝的獨特魅力是……？

不用獨自一個人戰鬥也行吧？

咦？那是什麼意思？

現在很流行聯名，只要找到唯有井上庵能聯名合作的對象，就能創造新市場，或是他人無法模仿的點心……這不就行了嗎？

的確！

況且我們公司還有擅長調查的可靠點子王。

？？

有困難的話，隨時都可以問我～
如果是為了美食，我很樂意自願幫忙哦～

謝謝……！
不過，指導時還請手下留情啊……

小小冷知識

孫子兵法中有「五事七計」的內容，用於開戰前的作戰會議上，分析、比較敵我狀況。

「**五事**」是「道、天、地、將、法」，「**七計**」則是指「主、將、天地、法令、兵眾、士卒、賞罰」。

有一種說法是在「五事七計」共12個項目中，**如果能得9項以上，則能「不戰而勝」，若只得4項以下，則會「不戰而敗」。**

【五事】

一曰道、二曰天、三曰地、四曰將、五曰法。

道指，人民與上位者的意志一致，故能生死與共，無懼危險。

天指，陰晴、寒暑、時制。

地指，遠近、險易、廣狹、死生。

將指，智、信、仁、勇、嚴。

法指，曲制、官道、主用。

這五個方面，將領都必須有所瞭解，知者得勝，否則無法獲勝。

【七計】

主孰有道？將孰有能？天地孰得？法令孰行？兵眾孰強？士卒孰練？賞罰孰明？吾以此知勝負矣。

孫子

非利不動，
非得不用，
非危不戰。

（沒有利益則不行動，無法得勝就不用兵，沒有瀕臨危險就不開戰。）

武田信玄的軍旗與孫子兵法

各位有沒有聽過「風林火山」的說法呢？

許多熟悉日本歷史的人應該馬上會想到武田信玄軍旗上寫的話，這句話也來源於以下這段與孫子有關的話。

「其疾如風，其徐如林，侵掠如火，不動如山。」（摘自《孫子兵法・軍爭篇》）

白話的意思是，軍隊行進時要快如疾風，減慢時要靜謐如樹林，侵略敵陣時要猛如烈火，防守時則要穩如泰山。

眾所周知，除武田信玄外，德川家康和吉田松陰也都有學習孫子兵法。「孫子」是在西元700年左右傳入日本，如今它也已經成為日本人耳熟能詳的謀略。

>> 蘭徹斯特策略是一種**藉由分析行銷中的「弱者觀點」與「強者觀點」，建構理論與實踐體系的戰略**（數學模型）。

戰略內容是？

它也是知名的弱者逆轉勝戰略，能幫助中小企業擊敗大企業。其在商業活動中會用到的概念有**差異化**（有商品獨特性、符合顧客需求的商品）、**集中**（集中於某個市場、地區、客群、商品等級等特定領域）、**近身戰**（與顧客溝通、直接銷售、限縮銷售區域）。

>> 蘭徹斯特策略分為第一法則與第二法則，其中第一法則又分為近身戰和局部戰。

定義

從商業活動的觀點來看，近身戰指的是縮短與顧客的距離。除了增加與客戶見面的頻率、時間（洽商時間或停留時間等）外，從事批發銷售時，採取直接銷售也是縮短距離的方法。

另一方面，局部戰的打法則是鎖定特定商業領域、地區、客群或業種等，選擇能發揮自家公司優勢與他人競爭的市場。

>> **弗雷德里克‧W‧蘭徹斯特**（Frederick W. Lanchester）：他在28歲～40歲的12年間，經營了一間汽車公司，隨後在40歲時將公司出售，成為一名技術顧問。

提倡者

第一次世界大戰時，身為英國汽車、航空學工程師的他所提出的戰鬥法則，成為了蘭徹斯特策略的基礎。

>> ●**弱者策略**
基本採「差異化策略」，具有以下5大特徵。
①局部戰②近身戰③單挑戰④單點集中主義⑤聲東擊西法

關鍵字

●**強者策略**
基本採「跟進（meet）策略」，具有以下5大特徵。
①廣域戰②遠距戰③機率戰④綜合戰⑤誘導戰

另外，兩者的①～⑤彼此之間是相對關係。

井上庵的蘭徹斯特策略進行得如何了呢？

 我正在思考比以往都更重視局部戰的戰略。請您看一下這份資料。我整理了過去5年間，以井上庵為中心，半徑3km內的點心店，也就是潛在對手們的開業、歇業狀況。

 哦？居然有這樣的變化，有點意外呢。

 是的，據說3年前流行銅鑼燒時，店鋪的更替最為劇烈。

 從當時營業到現在的店鋪只剩這1家嗎？

 沒錯，不過他們現在是間銷售各種日式點心的店鋪，並且正在進行店鋪改造與品牌重塑，試圖一改過去專賣銅鑼燒的老舖氛圍。

 也就是說，那間店的主要競爭對手，是這附近有資本實力的西點店和專賣店呢。

 是的。那間店會定期發售能跟上流行或具有話題性的商品，把精力放在回頭客和開發新客戶上。

 看來是覺得難以做出差異化，於是不再加強該方面，並轉而推出新品，或透過銷量來競爭。

 就井上庵目前的狀況，我想運用蘭徹斯特策略中的集中戰略，以主力的大福等紅豆餡類點心，保持區域內的業績No.1。
此外，在與有資本實力者的競爭和差異化方面，我想專注於競爭對手不擅長的紅豆泥相關商品，牢牢

抓住50歲以上的客群，這樣就算身為弱者也能存活下去！

 也就是「勝於易勝」的意思呢。

 沒有錯，不過商圈內的對手是歷史最悠久的菓匠安藤，他們家的羊羹比井上庵更有知名度。

 那就不要用羊羹來競爭，而是加強井上庵擅長的大福和其他紅豆泥相關商品，進一步確立地位。如此一來，當人們之後聚焦於這個地區時，井上庵的名號自然就會被提及了。

 說的沒錯。雖然井上庵至今都在用不擅長的商品群來與對手店鋪競爭，因而白白消耗體力。但未來我們要看清這點，利用能發揮井上庵優勢的商品群來做出差異化。

 邁向新世代的作戰開始！

小小冷知識

蘭徹斯特策略在日本開始盛行的契機始於二戰後從美國派遣至日本的愛德華茲·戴明博士，是他向日本介紹了有關蘭徹斯特策略的書籍。

該書後來由日本科學技術連盟翻譯，並於1995年9月以《Methods of Operations Research》的書名出版。

自此之後，日本吹起了第一波蘭徹斯特策略風潮，蘭徹斯特策略也逐漸於日本扎根。

第 **3** 章

組織內部
適用的戰略

本章主要介紹能運用於組織內部的實用戰略。
雖然所謂的「戰略」大多會用於外部商業活動中，但
也有針對公司內部的戰略。
例如組織改革、自我改革等戰略，都能幫助公司實現
轉型或變革。

在這裡，我們首先要透過適用於組織內部的戰略，例如時基競爭策略、簡單準則策略等，來思考如何構築組織的戰略框架。

之後，我們還要充分運用組織的智慧，藉由品牌策略、社群聆聽策略建立機制，使事業得以順利發展。

| 戰略內容是？ | » | 在企業間競爭中，時間是繼成本、品質後的第3個競爭主軸，**此戰略即是透過縮短時間來取得競爭上的優勢。**
節省時間後產生的價值能附加進價格之中，產生價格溢價、產能提升、風險降低、市佔率擴大等各種好處。 |

| 定義 | » | 在企業競爭戰略中，此戰略的概念是「時間對客戶與企業雙方來說才是最寶貴的資源」。
實際分析企業活動時能發現，有許多企業真正花在可創造附加價值的時間不足5％，其他95％的時間，都是無法創造價值的「等待時間」。而此戰略的重點，正是如何改善此一現象。 |

| 提倡者 | » | **喬治・史托克（George Stalk, Jr.）：**波士頓諮詢公司（BCG）的資深協理兼董事，以多倫多為據點，除在波士頓、芝加哥外，亦曾在該公司的東京辦事處任職。
史托克比較了美日汽車企業的開發與生產體制（本田汽車與山葉發動機的「HY戰爭」），並發表了研究結果。他認為日本企業的優勢是縮短前置時間（lead time），因此能盡早滿足客戶需求（《時基競爭》（Competing Against Tim））。 |

| 關鍵字 | » | ● **HY戰爭**
1979年到1983年間，本田技研工業公司與山葉發動機公司（以下稱山葉公司）間的爭霸戰，這場在摩托車市場展開的殘酷競爭，甚至導致了山葉公司的經營危機。
據說當時「每週發表新車」等種種不計成本的競爭手段，就連海外市場也受到了牽連。 |

話說，距離井上庵對面的新和菓子店開張已經過了約1個月，現在狀況怎麼樣了呢？

 開幕特惠期間，我看它連續好幾天大排長龍，還掛出售罄的告示，不過最近似乎已經漸漸趨緩。

 這樣啊，看來能暫時鬆口氣了呢。面對人潮迅速流失，井上庵也是憂心忡忡的樣子。
那麼，井上庵省時計畫的評估結果如何？

 雖然有透過各種巧思來提升效率，但仍有部分因設備老舊，導致產能下滑。
因此我統計了那些部分，並估算出替換新設備、變更規格產生的性價比後，報告給了井上社長。

 愛惜物品的精神固然重要，但隨著時代變化，也出現不少更便利的東西，有些狀況還是要借助現代工具幫忙。

 沒有錯。根據這次詳細的測量結果，我發現公司不僅節省了時間，還省了電費，工作效率提升，也減輕了勞動者們的負擔！

 哦！做得不錯嘛～！

 謝謝您！
最後，我主要進行了器具與老舊設備的汰換。雖然剛開始因為不熟悉新環境，事情進展得不是很順利，在適應上花了一些時間，但現在都已迎刃而解，大家也都很高興。

看來時基競爭策略可以說是成功了呢。

是的！公司確實感受到了時基競爭策略帶來的價格溢價、產能提升、風險降低、市佔率擴大這4大好處。

價格溢價是指，品牌價值等產生的附加價值，以價格溢價的形式增值，剩下3項則就是字面上的意思。然而，時基競爭策略可不是在達成省時後就宣告結束，今後也別忘了要考量其他因素，以利下一步的提案。

價格溢價與擴大市佔率，是井上庵一直以來面臨的問題，我打算針對這部分再思考看看。
那麼，我這就來去街上走訪調查囉！

如果發現新商品，記得當成伴手禮買回來啊～
啊，順便一提，我希望紅豆泥是顆粒餡的♪

小小冷知識

HY戰爭是指1979年到1983年間，本田技研工業公司（以下稱「本田」公司）與山葉發動機公司（以下稱山葉公司）在摩托車市場上展開的一場激烈爭霸戰。

1976年，本田公司推出了大受歡迎的ROAD PAL（NC50），對此山葉公司也於1977年推出Passol S50（2E9），結果比ROAD PAL取得了更巨大的成功。

此後，本田公司在摩托車市場的規模不斷縮小，山葉公司則乘勝追擊，不斷擴大版圖，單月銷量甚至超越了本田公司。

而正是這件事，促使山葉公司當時的社長小池久雄做出決定，宣布要成為摩托車業界的霸主，於是HY戰爭也自此揭開了序幕。

≫ **戰略內容是？**

簡單準則策略，是一種捷徑策略。作法是藉由把注意力集中在目標，以及簡化思考等方式，達到節省時間與勞力的目的。
它能同時加強「公司內部步調的一致性、因地制宜、部門協調」這3個方面。
在市場環境複雜且不透明的情況下，越是簡單的戰略越能奏效。

≫ **定義**

此戰略的概念，是徹底減少浪費的事物和時間，以期獲得最好的成果。它能應用於課題、專案或經營問題等各種場合，透過化繁為簡的思考方式來解決問題。

≫ **提倡者**

凱瑟琳·艾森哈特（Kathleen Eisenhardt）：她是史丹佛大學工程學院與研究所管理科學研究科的S.W.阿休曼醫學博士紀念講座教授，也是史丹佛科技研究計畫（Stanford Technology Ventures Program）的教職人員。已取得布朗大學工程學院的機械工程學士、電腦系統碩士和史丹佛大學管理研究所的博士學位。

唐納德·N·蘇爾（Donald Sull）：麻省理工史隆管理學院的高級講師。
曾任職於麥肯錫顧問公司，隨後前往哈佛商學院和倫敦商學院任教。

≫ **關鍵字**

● **瓶頸（Bottle neck）**
意指過程中的限制、障礙等等帶來不良影響的事物，這個說法源自於水的流量是取決於瓶子最細處（頸部）的現象。
此外，經常和瓶頸一起使用的相關理論還有限制理論（Theory of Constraints，TOC），它是指無論再怎麼複雜的系統，也總是只由少數幾個要素支配。

觀察工作現場時，我發現準則和注意事項好像有點多……於是調查了一下。我想，是不是能減少數量，讓整體更簡潔一些。

原來有那麼多嗎？
我完全沒有發現，而且也從來都沒人跟我反應準則太多，所以我都沒有察覺呢。

沒錯，我想這一定是慢慢增加的結果。
或許，這個情況正適合採用簡單準則策略。

簡單準則策略？
這是要把準則進行簡化的意思嗎？

大框架是那樣沒錯，但在制定準則時，我們需要遵守一些規則……

哦，是哪些規則呢？

首先就是要簡單。
具體重點是，要把準則減少至2～5條左右。

意思是記不住的話，再多的準則也沒用呢。

是的。接下來，準則內容必須依不同的人員和實際情況做調整。以井上庵來說，我認為最好分部門、部署來制定準則。

的確，只要牢記自己分內的重要事項就夠了……

最後，我們要制定有關特定情況的事項。
具體作法則是，僅針對發生頻率高的情況來制定
準則。

我覺得我們已經做到了，但實際上並非如此嗎？

是的。目前狀況是，由於多年來的逐步修訂，導致
全公司準則與各部門準則混淆，或者留下許多早已
沒在遵守的準則……

這樣啊，那麼就藉此機會重新審視吧！

好的！以下是草案內容。
首先，我擬定了銷售部門的準則。

準則① 迅速仔細
準則② 率先垂範
準則③ 誠心誠意

哦！你做事很有效率呢～
這3點的確都有貫徹井上庵的核心，整理成成語的
格式也很好記。

我認為一詞多義的詞語可以整合所有層面，無論待
客、做事方式、處理問題等場合都能套用。

哇啊，太令我感動了。

謝謝您，其實我是受了部長的協助……

我馬上來告訴銷售部門的所有人，然後聽聽大家的意見吧。

小小冷知識

　　簡單準則策略有以下6種，其分類如下所示。

　　然而在制定準則時，一定要避免上意下達的命令形式，除了實際使用準則的相關人員應參與制定過程，最好還要經由4～8人討論後再行決定。

為決定某件事的準則	
界限準則	「做」或「不做」的二擇一型準則
排序準則	決定事物優先順序的準則（能用於時間、勞力、資金有限或與相關人員意見不合等情況）
中止準則	認清何時停止（撤退線）、及決定停止時機的準則

為順利進行某件事的準則	
做法準則	設定限制、決定做事基準的準則
協調準則	關鍵字是協調，目的為順利進行集體行動的準則
時程準則	明確決定何時該做的準則

凱瑟琳・艾森哈特

找到能應用於
大數據的規律時，
最簡單的數據
通常最容易預測和理解。

從幼兒行為發想的策略

　　凱瑟琳・艾森哈特於1969年以最優異的成績從布朗大學工程學院的機械工程學士課程畢業後，於同年秋天和同大學的前輩保羅・艾森哈特結婚。

　　1978年，31歲的她一邊養育2個孩子，一邊在史丹佛大學管理研究所進修，並於35歲時取得組織行為論的博士學位，同時獲聘為史丹佛大學的副教授。

　　凱瑟琳在博士論文引言中感謝了丈夫保羅和2個孩子，還在2020年發表的論文中表示她的靈感來源於幼兒的「平行遊戲（Parallel play）※」，並對此給出以下論述。

　　借鏡、模仿領先企業或競爭企業的行為，還有驗證該行為以及進一步確認成果的行為，都與幼兒的平行遊戲行為有異曲同工之妙。

摘自「The New-Market Conundrum.」with Rory McDonald, HBR, May-June 2020.
（中譯：《克服新市場難題》與羅立・麥當勞；哈佛商業評論全球中文版6月號/2020年第166期）

※平行遊戲：多名幼兒在同個空間中，於彼此附近進行相同的遊戲，但卻沒有交流或互動的情形。

17

品牌策略

》 它是一種發展、加強品牌的經營手段。

以品牌名稱為縱軸，產品類別為橫軸，便能劃分出4種發展、加強品牌的策略。

品牌策略的分析

		產品類別	
		既 有	新 創
品牌	既 有	產品線延伸	品牌延伸
	新 創	多品牌策略	新品牌策略

》 **產品線延伸**⋯使用已經成功的品牌名稱，於既有產品類別增加新商品，進一步擴增產品線的策略。

品牌延伸⋯使用已經成功的品牌名稱，在新產品類別中增加新商品或改良產品的戰略。

多品牌策略⋯賦予既有產品類別新品牌名稱的戰略。

新品牌策略⋯於新產品類別採用新品牌名稱的戰略。

》 **菲利普・科特勒（Philip Kotler）**：美國經濟學家。美國西北大學凱洛管理學院名譽教授。在取得芝加哥大學經濟學碩士學位後，又獲得了麻省理工學院（MIT）的經濟學博士學位。

他也是PEST分析（P14）、STP分析（P32）和品牌命名策略（P54）的提倡者。

》 ●**混沌學（Chaotics）**

此理論認為，企業必須具備能洞察風險和環境變化的預警機制，才能防範風險和因應不確定性。

而它也被認定為，企業想要在充滿不確定性的年代下長期發展的不二法門。

思考井上庵的品牌策略，
讓我的腦袋變得一團亂……

不是點心吃太多了嗎？

咦，才不是呢。
笠井妳也吃了不少吧？

我可是深思熟慮後才吃的，所以沒關係～

那是什麼意思……
話說，品牌戰略好難整合啊。

我問一下，你是怎麼分類的呢？

我是這樣想的。

井上庵的品牌策略

		產品類別	
		既　有	新　創
井上庵	既有	產品線延伸 使用金箔的和菓子	品牌延伸 井上庵的西點
	新創	多品牌策略 風味大福	新品牌策略 糕點店　INOUE

嗯，感覺還不賴啊。

真的嗎!?

我想吃吃看井上庵的西點呢～

使用金箔的產品能用井上庵家暢銷的大福輕鬆開發，應該馬上就能採用，作為實驗性商品也很不錯。事不宜遲，趕緊向井上社長提議看看吧？

好的！我會的！

我希望能拿井上庵的商品作為禮物，是不是也能增加這方面的創意呢？

當然，還請笠井小姐提供一些專為女性設計的點子吧。

那麼，大家馬上來提出創意吧！

好！

小小冷知識

　　品牌策略下的各項戰略也有如下缺點，運用時務必要謹慎考慮。

　　產品線延伸的缺點…可能會有與既有品牌自相殘殺、損害既有品牌形象或產生品牌形象偏離等風險。

　　品牌延伸的缺點…可能會有新產品本身難以取得成功、損害既有品牌形象或產生品牌形象偏離等風險。

　　多品牌策略的缺點…可能會有投資效率不佳、品牌力分散或與自家公司品牌自相殘殺等風險。

　　新品牌策略的缺點…可能會有難以成功樹立新品牌，或必須花大筆費用來宣傳、普及等風險。

18

社群聆聽策略

戰略內容是？

» 蒐集、分析網路和社群媒體上大家對企業、個人、產品或品牌的評價後，將結果應用於行銷中的戰略。又稱為社群媒體聆聽（Social media listening）。

定義

» 利用社群媒體，從個人（用戶）心聲中獲取必要資訊。
此概念出自《網客聖經：成功擄獲人心的社群媒體行銷》（李夏琳、喬許‧柏諾夫著）這本書，其英文書名中「Groundswell」一詞有「大浪潮」的意思，代表的是一種社會趨勢，意即隨著社群科技的發展，用戶獲取資訊的方式也正在改變。

提倡者

» **李夏琳（Charlene Li）**：策略顧問公司奧特米特集團（Altimeter Group）的創始人兼CEO。具有哈佛大學文學學士、哈佛商學院MBA學位。她還曾任摩立特集團（Monitor Group）的顧問，以及佛羅斯特研究公司（Forrester Research）的副社長兼首席分析師。

喬許‧柏諾夫（Josh Bernoff）：作家。具有麻省理工學院的程式與數學博士學位。過去曾任職於顧問公司、佛羅斯特研究公司（Forrester Research）等。

關鍵字

» ●**顧客旅程地圖（Customer Journey mapping）**
此圖把顧客決定購買前的流程與行為（包含思考、情感等）喻為一場旅程，並用時間軸將其加以視覺化。
繪製時要先決定目標的特性（人物誌；Persona），接著設定階段，再來則要思考接觸點或成為接觸點的場所和媒體（通路；Channel）、行為、情感、思考、課題及其措施，最後將這些內容繪製成一張地圖。

我的甜點調查筆記有派上用場嗎？

嗯、嗯，與其說是筆記，根本已經是圖鑑等級，內容可謂驚喜連連，令人嘆為觀止啊……

甜點的流行來得快也去得快，就算是經典商品也一直在變化和進化，感覺就像在不知不覺中持續發生新陳代謝呢～

話說，我在經過不斷調查後，最終想出了「紅豆泥穀酥」的商品，妳覺得如何呢？

那是類似於巧克力穀酥的紅豆泥版嗎？

沒錯！先把紅豆泥弄成松露巧克力的形狀，上面再用各式各樣的穀酥做裝飾。

那樣感覺會很好吃……！
不過它算是生菓子對吧？吃起來方不方便呢？

這樣啊……但如果把它設計成講究賣相的上等生菓子應該就沒問題了？

說得也是，真令人期待！我要應徵試吃員。

到時候還請多多幫忙！
話說回來，社群聆聽時能發現一些超乎想像的資料，其實很有趣呢～

確實如此。不過偶爾也會看見令人心驚膽戰的意見，讓我必須趕緊調查後，懷著沉重的心情聯絡客戶呢……

我懂……剛剛也有發現井上庵的負評。
但要麼完全是誤會，要麼就是錯誤資訊，總令人感到很遺憾……

事情沒有發展到一發不可收拾的地步倒還好，但不小心因為偶發事件而演變成大問題的情況，也常常見到呢……

井上庵以前從未處理過這類事情，我想就先從社群聆聽開始吧。

沒錯，接下來最好採取鼓勵策略，藉此提高和菓子與井上庵的口碑。

井上庵有很多熟客，顧客之間也對彼此有印象。我想，在活化的同時，也可以透過支援戰略，從顧客那裡獲取支持和聲援。

感覺把顧客心聲納入商品開發流程中的吸納戰略，馬上就能實施了呢。

沒錯，從某種意義上來說，我們已經採取行動了。

對話戰略方面，我們還沒開始運用橫幅廣告、搜尋廣告或電子報等數位行銷，這方面還有很長一段路要走呢。

嗯，我想先架好電商網站，等熟悉經營後，再來思考數位行銷的事情。

 我好期待井上庵能成為日本全國性的商家啊。

 真的！在和自己相關的工作中，看見客戶有所成長與發展時，就會產生自己有克盡職守的成就感！

 那我們可得加緊累積知識和經驗，這樣才能趕上客戶發展的速度呢！

小小冷知識

問卷調查也是收集用戶心聲的一種方法，不過相較於詢問（Asking）既定問題的問卷調查，社群聆聽在做的是針對自然對話的傾聽（Listening）。

此做法的好處是，能更輕易地獲取用戶的真實心聲，還能即時或按時間軸來掌握對話，而且從過程的照片中也可以獲得一些資訊。

運用社群媒體的 5 項戰略 ▬

傾聽	①側耳傾聽（傾聽戰略）	深入調查或加深對顧客的理解（適用於行銷或開發）
	②進行談話（對話戰略）	推廣自家公司的資訊（適用進行互動手段的情況）
推動	③予以鼓勵（鼓勵戰略）	找出熱情的顧客，使這些人的影響力（口碑力量）發揮到極致
	④給予支援（支援戰略）	準備媒介，讓顧客之間能互相幫助
	⑤加以吸收（吸納戰略）	把顧客納入商業流程中（把顧客心聲吸納進產品設計的流程等）

喬許・柏諾夫

有客戶的地方，
你的生意卻不在那裡，
這可以說是犯了極大的錯誤。
最重要的事情，
就是客戶所在之處。

有助於社群行銷的「POST」

　　柏諾夫在《網客聖經：成功擄獲人心的社群媒體行銷》一書中，介紹了利用社群科技制訂戰略的「POST」手段。

　　他所謂的「POST」是指以下4步驟。

　　①**People**（對象）
　　②**Objectives**（目標）
　　③**Strategy**（策略）
　　④**Technology**（科技）

　　企業首先要調查作為對象的顧客（People），接著決定要聚焦在什麼目標（Objectives）上，隨後擬定策略（Strategy），最後確認要採用何種科技（Technology）。

　　據說此方法在社群行銷中的效果特別顯著。

19

逆向創新

社長！我們來採取「逆向創新」如何？

現在是日本文化傳遍世界的時代，和菓子是不是也能有所發揮呢…

咦！原來在巴西有這種吃法呢！

讓我們來一邊品嘗世界各地的豆類料理，一邊思考如何邁向世界吧！

這些東西都好稀奇呢…

鷹嘴豆泥、青豆馬鈴薯沙拉、豆子燉肉、豆子飯、豆子罐頭……

想要把商品銷往世界各國，就必須先了解該國人的需求和喜好，從零開始開發商品。

在了解外國文化的同時，愉快地開發新商品吧！

戰略內容是？

≫ 逆向創新指的，並不是開發出先進國家商品的低廉版本，來進軍新興國家的市場；而是**根據新興國家特有的需求從零開始設計、開發**，把在新興國家的創新發展輸出到先進國家（對先進國家的逆向輸入）。

定義

≫ 全球性企業會透過**全球在地化**的手段，把全球通用商品或服務銷往全世界（**全球化**）的同時，又配合各個國家或地區變更規格（**在地化**），進而達到拓展市場的目的。

相較之下，逆向創新則是另一種開拓新市場的手段。它從一開始，就針對各個國家或地區，去量身打造新產品。

提倡者

≫ **維傑‧戈溫達拉揚（Vijay Govindarajan）：**達特茅斯學院及哈佛大學教授，擁有哈佛商學院MBA與博士學位。是奇異公司（GE）的首位外國教授與首席創新顧問。

克里斯‧特林布爾（Chris Trimble）：達特茅斯學院塔克商學院教授。畢業於維吉尼亞大學科學系，擁有達特茅斯學院塔克商學院MBA和維吉尼亞大學理學士學位。

關鍵字

≫ ●國際化
提高商品與服務的適應性，以進軍各個國家的戰略。
另外，其英文「Internationalization」有時會簡寫成「i18n（I18N）」，意思是「i」和「n」的中間包夾了18個英文字母。

前輩，您有做過逆向創新嗎？

嗯？好像有又好像沒有……我沒什麼清晰的印象，應該就是沒有吧？怎麼了嗎？

嗯……我只是在思考井上庵能否進行逆向創新。

和菓子的逆向創新嗎……感覺很有趣呢！

其實井上庵並沒有要進軍海外市場，這不過是放眼未來的一項措施。但隨著人們對日本的點心與和菓子越來越有興趣，我們決定開始思考這個問題。

我認為這樣麼做很棒哦。
除了年年攀升的需求外，留學生回國後開店，或是在外地的日本人開設各種日本相關店鋪等例子也時有所聞，未來也有各種機會在國外成立子公司或開設分店呢。

所以說……關於和菓子逆向創新這件事，如果現階段在國外還沒有據點或合作夥伴的話，該怎麼做才好呢？

這樣啊……不如先找出和菓子受歡迎的特定地區，接著調查該地區有沒有銷售和菓子的店家，由此開始思考如何呢？

嗯嗯，謝謝您的建議。

就算沒找到點心店，也可以訪問住在當地日本人，我相信這些人肯定能基於對日本和菓子的認知，提供一些與當地相關的線索。例如當地點心的現況，或是當地人是否對日本和菓子感興趣等。

當根據獲得的資料開發出試作品後，則可以找住在日本的該地區國民幫忙試吃，藉由這些方式不斷修正，即便只是類似的手段，也算是往逆向創新邁出一步了？

確實如此！調查實際住在國外的當地人和日本人後，再結合生活在日本的該國人的意見，這麼做確實能提高準確度呢！真不愧是前輩！

哈哈哈，如果還需要幫忙，隨時都可以來問我～

小小冷知識

全球在地化戰略是指，把誕生於先進國家的東西，開發成較低廉的版本以銷往新興國家的一種手段。

然而，此戰略僅適用於新興國家中較富裕的階層，因此拓展的範圍有限。

而全球在地化（Glocalization），是由全球化（Globalization）和在地化（Localization）組合而成的單字，前者代表的是資本、資訊和人類交流在全球範圍內互動的現象；後者則是指為適應特定目標市場，而調整產品或服務的做法。

第 4 章

永續進化戰略

本章主要介紹的，是不斷進化中必知的戰略。
內容既經典又實用，想要深入學習的人一定要來好好
瞭解。讓我們一起加深知識，掌握如何靈活運用吧！

這裡我們要以 Five Way Positioning 戰略與紅皇后理論等稍微有點專業的戰略和概念，思考如何鞏固商業基礎，獲得穩定發展。

人們至今以來持續使用的方法中，都蘊含著普遍的本質，希望大家能在掌握這些基礎知識後，再與創造性破壞（創新理論）等理論融會貫通，在進攻和防守之間取得平衡。

20 紅皇后理論

| 戰略內容是？ | 》 | **此理論認為，一間企業與對手的競爭越是激烈，就越會努力不懈地自我進化，也因此更容易存活下來。**理論名字則源於演化生物學中的「**紅皇后效應**」，意指互為捕食關係的生物間相互競爭、進化的循環現象。 |

| 定義 | 》 | 這項理論的概念是，當反覆對抗和適應對手行為的這種強化循環不斷發生時，雙方將產生有利於存活的**共同進化**。
然而，企業在某特定地區因紅皇后效性所產生的進化，在該企業想進軍其他領域時，有時候反而會變成一種阻礙。 |

| 提倡者 | 》 | **威廉‧巴奈特**（William Barnett）：具有加州大學經濟學與政治學的學士學位及管理學博士學位。曾任威斯康辛大學的副教授，後成為史丹佛商學研究所的教授。

莫滕‧漢森（Morten Hansen）：具有奧斯陸大學政治學的學士學位、明德大學蒙特雷國際研究學院行政學碩士學位，以及倫敦政治經濟學院會計與財務的碩士學位。隨後獲聘為加州大學柏克萊分校的教授，另外他也是蘋果大學的教職人員。 |

| 關鍵字 | 》 | ●**能力陷阱（Competency Trap）**
意思是，企業受限於既有主力事業或過去成功經驗，因而固守過去的商業模式，再加上忽視知識的深化（Exploitation）和知識的探索（Exploration），結果導致企業的中長期革新停滯不前。
為引發革新，除了**知識深化**和**知識探索**外，企業還必須要不斷**擴展知識的範圍**。 |

別太在意對手比較好～

這是什麼意思呢？

若以紅皇后理論來思考，競爭者的存在能為進化帶來正面的影響。

紅皇后理論是指，彼此競爭結果促使雙方發生進化的情況……對吧？

沒有錯。當然，要是面對有壓倒性差距的對手，可能會沒有體力與對方繼續競爭；但也有可能因為對手的存在而產生必須進化的想法，並在行為上發生改變。

您說的沒錯……
說到井上庵現在的競爭對手……

哎呀，競爭對手的基準化分析固然重要，但我們也應該始終抱持寬廣的視野，以免落入能力陷阱（Competency Trap）中。

也就是說……？

要是只注意特定的競爭對手，就會認為其他的對象都不是對手，導致公司只偏往某個方向進化。

意思是，如果太在意與對手的競爭，可能會忽略其他對手或其他領域，結果反而無法朝更好的方向發展嗎？

沒有錯！公司會在不知不覺間失去在其他競爭環境

下生存的能力，當意識到競爭環境發生巨變時，卻已失去應對能力……這樣可就賠了夫人又折兵了。

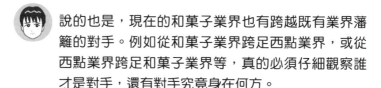

說的也是，現在的和菓子業界也有跨越既有業界藩籬的對手。例如從和菓子業界跨足西點業界，或從西點業界跨足和菓子業界等，真的必須仔細觀察誰才是對手，還有對手究竟身在何方。

沒錯沒錯。要是領導者只朝同一方向看，周圍的下屬也沒辦法察覺對手在逼近呢。

只專注於眼前的事物會讓視野變得狹隘……
感謝您給了我這麼棒的建議！

小小冷知識

　　紅皇后理論名字的由來，是源於路易斯・卡羅的小說《愛麗絲鏡中奇遇》，裡面的角色紅皇后曾說：「你必須盡力不停地跑，才能使你停在原地。(It takes all the running you can do, to keep in the sameplace.)」生物學家利・范・瓦倫便以此命名了「紅皇后假說」。

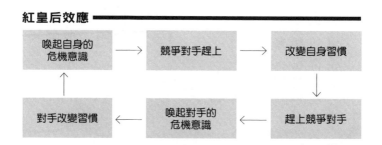

紅皇后效應

喚起自身的危機意識 → 競爭對手趕上 → 改變自身習慣

改變自身習慣 ↓ 趕上競爭對手

對手改變習慣 ← 喚起對手的危機意識 ← 趕上競爭對手

對手改變習慣 ↑ 喚起自身的危機意識

戰略內容是？

» 此戰略是在各種商務活動共通的5大要素（**價格、商品、途徑、服務、經驗價值**）中，專注經營能在市場中建立獨特定位的要素，從而實現競爭優勢。

在這5大要素中，重點是要有**1個要素達到市場主導、另1個要素達到差異化，其餘3項要素則要達到業界水準。**

定義

» 按以下基準，能將公司在各要素中的定位分成3個等級。

等級I（業界水準）⋯代表開始進入市場競爭，已達到消費者能接受的最低水準。

等級II（差異化）⋯代表企業有想運用該要素，說服消費者喜歡上自家公司的商品或服務，是已成功做出差異化的等級。

等級III（市場主導）⋯代表該要素已達市場主導的地位，也就是消費者除該公司外不願在其他地方購買。

提倡者

» **弗雷德・克勞福德（Fred Crawford）：**國際管理諮詢公司Cap Gemini Ernst & Young（CGEY）的董事副總經理。2015年就任職美國家庭人壽保險公司（AFLAC）的副總經理兼最高財務負責人。

萊恩・馬修斯（Ryan Mathews）：現居美國底特律的未來學家、作家。
擅長消費財、人口統計、生活型態等領域的分析。

關鍵字

» ●**生產力前線（Productivity Frontier）**
這是麥可・波特提出的概念，意指生產力和效率已無法再改善，也就是已達最佳實踐（=Best Practice，最低成本與最佳營運效益）時的狀態。

Five Way Positioning戰略中追求的5個要素都要達到平均值以上真的很不容易。以學校來說的話，就相當於資優生呢。

真的呢，話說我國高中時的成績全都沒有達標。

咦！真的嗎？好意外！
笠井小姐的話感覺一直都很聰明呢。

也不盡然，但我記得5等評價中，我幾乎沒有4以下的成績哦～

果然……我記得自己只有一次拿了2等，結果被罵得很慘……
不過，也是多虧了這件事，讓我開始奮發圖強。

這樣啊～話說回來，井上庵的Five Way Positioning戰略，目前你是怎麼想的呢？

關於這件事，我認為井上庵的每一款和菓子、老店歷史和經驗價值，在與其他店家相比時，都能做出差異化。但從整體來看，途徑和服務方面的定製產品銷售上，則還未達到業界水準～

真的呢。我推薦給朋友時，很少聽到有人說「有買過」或「有吃過」呢。

我們必須要努力改善途徑和服務，直到能達到業界水準才行。

辦活動的話也會受到活動地點與期間的限制,感覺還是不太容易購買,果然必須要有線上通路呢。

 真是那樣沒錯。現在要引進網購平台也變得比以前容易得多,我來努力盡快達成吧!

 請你一定要採取行動!大家都在等著呢!!

 我要不斷推動井上庵的數位轉型,把途徑和服務都往上提升,讓井上庵能在市場上佔有一席之地!!

小小冷知識

在構思Five Way Positioning戰略時,分析自家公司也非常重要。

從企業角度思考時,除了管理階層外,也要參考基層員工的意見;進行消費者調查時,也不該只關注既有客戶,還必須要分析、調查可能成為未來客戶的消費者的意見。

除了前幾頁所述的3個等級外,還可以另外建立指標為「未達業界水準」的第4級,接著製作5項要素×4個等級的20格矩陣,剖析自家公司的各項要素分別位於哪個等級,這樣就能在思考選擇和強化時,縮小考慮的範圍。

我來嘗試分析井上庵的「平衡計分卡」。

首先是財務觀點。

股東只有社長二家，所以有繼承方面的問題呢…

接著是顧客觀點…待客和服務仍須再改進。

業務流程觀點方面…得想出新的商業模式。

最後是學習與成長觀點…必須要加強公司內部培訓。

啊嗚

鹽大福真好吃♡

這鹹甜均衡的滋味…任何事情都得重視平衡呢…

戰略內容是？

›› 此戰略是一種框架（經營管理手段），它把企業績效分為**「財務」、「顧客」、「業務流程」、「學習與成長」**這4大觀點，藉由廣泛、均衡的評估，使企業能獲得未來的競爭優勢。

定義

›› 為了讓企業能獲得未來的競爭優勢，此戰略認為，企業績效不該只用定量的財務績效來評估，而是應該從多方定義、均衡管理。若能根據取得平衡的4大觀點來評價企業，那麼在設定目標和經營管理時，便能從顧客觀點、員工觀點和企業成長發展的觀點出發，而不是只偏重於財務上的數值或指標。

提倡者

›› **羅柏・卡普蘭**（Robert Kaplan）：《平衡計分卡》的共同作者。美國哈佛商學院教授。具有麻省理工學院電氣工程的學士及碩士學位。曾任卡內基美隆大學的院長。

大衛・諾頓（David Norton）：《平衡計分卡》的共同作者。具有美國伍斯特理工學院電氣工程的理學士學位、美國佛羅里達州立大學作業研究的碩士學位與MBA，以及美國哈佛大學管理學博士學位。

關鍵字

›› ● **策略宣言**（Strategy Statement）
大衛・科利斯（David Collis）提出的概念。他認為，若一間企業能凸顯戰略的核心，把**「目標」、「活動範圍」、「優勢」**用淺顯易懂的語言來表達，那麼全體員工便能對戰略有相同的理解。其中最重要的，不只是要知道「該做什麼」，更要讓所有人都清楚「什麼不該做」。

你在做什麼～？

為了製作井上庵的平衡計分卡，我正在嘗試把井上庵的要素視覺化。

感覺很有趣，有什麼需要幫忙的嗎？

那麼，如果妳發現了還沒列出的要素，麻煩告訴我。

OK，交給我。

順道一提，4個觀點的關係大概是這樣。

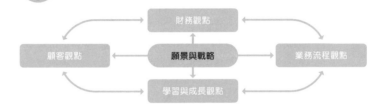

原來如此，為避免認知誤差結果白費功夫，能不能先告訴我，你在各個觀點中考量的項目呢？

首先，關於財務觀點，我認為必須要提高銷售數量以提升銷售額，並且，為了確保營利，我想要增加高利潤商品的銷售數量。

從客戶觀點來看，除了季節性活動，我想再創造其他購買機會，方便客戶能持續購買商品與服務。此外，我也想擬定戰略，來提升新的經典商品等的回購率。

原來如此。

 業務流程觀點方面，我覺得有些棘手。由於達成財務目標和提升市佔率需要些時間，我想提議鎖定特定商品來逐步採取措施。

最後是學習與成長觀點，為了達成其他3個項目，我想請井上庵成立創新小組，然後建立一些有助於大家達成目標的機制，例如舉辦讀書會等。

平衡計分卡的4大觀點

①財務觀點	思考應對利害關係人（股東等）採取何種行動，以提升財務績效（財務上的成功＝銷售額與營利的提升）。
②顧客觀點	思考該採取什麼行動，促使顧客持續購買商品與服務，進而達成財務目標。
③業務流程觀點	思考該採取什麼行動，以達成財務目標、提升顧客滿意度和提升市佔率等。
④學習與成長觀點	思考如何提升與活用企業變革能力、學習能力等，以便基於①～③的觀點，達成戰略目標或命中客群，使戰略能夠奏效。

 感謝詳細的說明！那麼，我這就來把我想到的東西寫下來！

 麻煩你～！

順帶一提，完成這些事後，接下來要實際編寫平衡計分卡，按關鍵成功因素→績效評估指標→行動計畫的順序來落實，把能更具體用於實務中的內容體現到業務（所屬單位或個人單位）中哦～

 OK！！

小小冷知識

平衡計分卡（BSC）主要用於商業領域，但政府、軍事和警察體系也會引進這項評估方法。

近年來隨著全球化的演進，平衡計分卡也成為一種有效手段，用來妥善執行安全、防禦措施等複雜的管理體系。

羅伯特・卡普蘭

**一間企業乘風破浪的能力，
顯現在身處陽光明媚、
地平線上萬里無雲之處時，
管理層有多麼重視危機管理。**

隨戰略目標進化的平衡計分卡

平衡計分卡是由羅柏・卡普蘭與大衛・諾頓於1992年發表的理論。當初使用的目的是為了掌握戰略的實施狀況，然而評分（＝評估）並沒有明確的基準，全憑給分者的感覺，於是出現無法正確評估、缺乏可信度與實用性的問題。

但隨後人們把戰略目標當成了評分指標，數值化指標更容易掌握目標達成的進度，評分的可信度亦隨之提升。

此外，平衡計分卡很容易與策略地圖混為一談，應多加留意。

策略地圖：一種情境工具，用於說明為實現目標或願景時的戰略。此圖能把有助於達成目標的各項行動課題、措施、與個別目標等的因果關係和關聯性加以視覺化，對於掌握戰略的全貌很有幫助。

雖然用傳單宣傳了「老店的歷史」，但感覺效果不彰……

無法找到定位呢……

井上庵 老店的歷史

強調老店似乎已成功被中年以上的主要客群所接受，但年輕客群卻完全……

這樣的話，是時候使用重新定位來檢視了……

和菓子做得再怎麼好吃，仍讓人有「高糖分」又容易胖的印象呢……

社長！我們要不要來嘗試開發低醣控甜的健康和菓子？

咦？低醣的和菓子……？

當然還是要好吃!!

這要求還真難……

……好！還是試試吧！

廣告是這種感覺。

井上庵 低醣和菓子

一起來塑造「不戰而勝的Only ONE」品牌價值吧！

| 戰略內容是？ | » | 傑克‧特魯特在2009年與史蒂夫‧里夫金合著的《REPOSITIONING》中提出了「重新定位策略」的概念。其基礎是1982年傑克‧特魯特與阿爾‧雷耶斯合著的《Positioning: The Battle for Your Mind》提到的「定位」概念。
所謂的定位，並不是把產品擺在哪裡，而是**在潛在客戶心中如何定位**，重新定位即是改變該定位的一種戰略。 |

| 定義 | » | 意指釐清顧客和消費者對品牌的印象後，重新確認品牌的社會使命，並再次定義、調整定位。 |

| 提倡者 | » | **傑克‧特魯特（Jack Trout）**：曾在奇異公司（GE）的廣告部門任職，隨後轉任美國車胎製造商Uniroyal公司的宣傳部長。因與阿爾‧雷耶斯在雜誌《廣告時代》上共同連載的文章「定位時代」而備受注目。
他還成立了一間行銷顧問公司Trout & Partners，其事業遍跡全球。

史蒂夫‧里夫金（Steve Rivkin）：行銷公關顧問。在創辦Rivkin Associates行銷與公關顧問公司之前，曾是廣告代理商Trout & Ries Inc.的副總。另也曾任Estes Park研究所的CEO。 |

| 關鍵字 | » | ●**先進者優勢**
這是指比他人更早進入新市場，或自行創造新市場、藉由**率先推出新產品等手段來獲得好處**（利益），又稱先行者優勢、先驅優勢等。
然而，走在前端也具有一定的風險，並不是成為先驅就絕對有利（＝後進者優勢）。 |

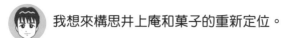

CASE 活用於現代的例子

我想來構思井上庵和菓子的重新定位。

在這之前，你有先調查過和菓子原本的定位了嗎？

有的！把和菓子與西點做比較時，許多人表示和菓子的形象莊重，感覺難以輕鬆享用。另外還有價格偏高、與咖啡紅茶不搭等意見。由於它不像西點那麼平易近人，因此在選購甜點的優先順序中位居低位。

總覺得在意料之中呢……
以商品類別來看的話，情況又是如何呢？

以人氣和菓子的定位來看，鯛魚燒、大福、銅鑼燒和糰子等商品雖然人們偶爾會買來吃，但年輕世代通常不會自己去買，而是吃別人送的……

確實如此，雖然這些品項在便利商店也都有賣，但年輕人感覺還是會優先選擇其他新上市的點心呢。

沒有錯。所以我在想，和菓子能不能也像其他點心一樣進行重新定位。

雖然很難朝大眾化發展，但我認為，可以把井上庵的客群重新定位成附近居民、或附近的國高中生等，也就是增加這些人的購買量。

這就是為什麼我想出了「低醣和菓子作戰」！

嗯？那是什麼東西？和菓子的原料是砂糖和紅豆等等，不太算低醣點心吧？

確實如您所說，但在低醣風潮下，和菓子業界與和菓子原料也出現了許多低醣的產品。雖然單價提高，但主打低醣，對顧客來說應該會很有吸引力。

的確，現在幾乎每個領域都有低醣食品，和菓子說不定也能藉此新定位，一改之前的形象呢！

沒錯！只要讓井上庵附近的居民產生「在井上庵也能買到低醣甜點」的認知，就有機會吸引到與以往不同的顧客前來購買，像是之前為了健康而不願意買的人！

原來如此，這樣做感覺能吸引到年輕人，更有助於提升銷售額呢！

我還想透過聽取顧客需求來增加產品陣容，把顧客變成粉絲！

嗯嗯，要是能藉此獲得不同客層的支持，讓和菓子變成更貼近日常生活的甜點就太好啦。
請你整理出具體內容，在下次的會議中提案吧！

小小冷知識

　　特魯特與阿爾・雷耶斯在提出定位概念時，表示「陷入失敗定位的企業無論多麼努力都是徒勞」。此外，特魯特與里夫金在提出重新定位的概念時，則提到「如何有效率地把自家公司的正確形象植入潛在顧客的腦海中」。

　　里夫金還曾說：「這個世界越是難以預測，人們就越依賴預測。」

| 戰略內容是？ | 》 | 此理論認為，經濟是透過創造新事物來不斷循環和發展，也就是要藉由有效率、有發展性的新產業，破壞那些沒效率、停滯不前的舊產業。
在現代，則多指企業活動中，**打破舊有事物，創造新事物的行動。** |

| 定義 | 》 | **這是一種為獲取利潤而選擇破舊立新的資本主義活動**，事物與能力的新結合（拉丁語：innovare）就叫做創造性破壞（實施新結合）。
熊彼得指出，此過程事實上就是資本主義的本質，資本主義本來就具有發展、變動的特性。 |

| 提倡者 | 》 | **約瑟夫・熊彼得**（Joseph Alois Schumpeter）：出身奧匈帝國的經濟學家。具有維也納大學法學院博士學位。曾任格拉茨大學教授、奧地利共和國財政部長、比德爾曼銀行行長，後獲聘為哈佛大學教授。 |

| 關鍵字 | 》 | ● **信用創造**
銀行利用反覆借貸來創造存款貨幣的行為。
意指銀行作為一個整體，從最開始收到的原始存款（存款人存入的現金）中，先保留一定金額以供現金提領（＝準備存款），其餘的部分則用於借貸，藉此機制，銀行就能創造出比原始存款多上好幾倍的存款貨幣。
順道一提，在日本，準備存款的金額是由日本央行決定。 |

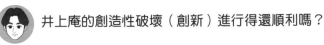

井上庵的創造性破壞（創新）進行得還順利嗎？

是的，大家都在積極地挑戰新事物！

真是太好了。那麼，新措施感覺如何呢？

其中，自動販賣機的和菓子銷售推行得很順利。
這項措施成功開發了新客群，像是無法在營業時間
前來購買，或是只想少量購買而不好意思入店消費
的顧客。

結果符合預期真是太好了。

沒錯，不過配送服務卻發展得沒那麼順利。

這樣啊，你有想到是什麼原因導致的嗎？

原因在意料之內，因為會使用配送服務的客群，和
井上庵的客群不同，似乎很少會有人以配送的方式
購買和菓子。

原來是這樣⋯⋯不過情況在預料之中，接下來才是
勝負的關鍵呢。

沒有錯。在訂購者的問卷調查中，有人反應和菓子
配送服務十分少見，未來還會想再利用。
此外，目前還無法配送的區域裡，也有人表示對這
項服務很感興趣，希望能擴大配送的範圍。

感覺很不錯！
我覺得這已經有在開始創新了呢。

大家的印象從當初「和菓子怎麼可能用現代的方法配送⋯⋯」，到現在變成「無論是突然有訪客、無法外出或是不想買太多的時候，都能使用方便的配送服務」，我很期待隨著這項服務的發展，井上庵能變得更有知名度。

沒錯沒錯。熊彼得所謂的創新即是「新的結合」，也就是引進不同性質的新事物。和菓子與配送服務的結合，讓井上庵有了這番前所未見的前景，我想這項措施，自然也會帶來更多新的創意與服務吧。

如果配送的銷售額持續增長，那麼組織和商業模式自然也會隨之改變呢。

是的！
那麼，我就先來告訴你熊彼得在《經濟發展理論》中提到的創新定義，你要好好記住哦！

非常感謝您！

CASE 活用於現代的例子

創新的類型

①產品創新	生產新財貨或新品質的財貨
②流程創新	引進新型或未知的生產方法
③市場創新	開拓新的銷售通路
④供應鏈創新	獲得原料或半成品的新供應來源
⑤組織創新	透過成立新組織來獲取獨佔地位或打破獨佔的局面

你這次採行的措施，符合了創新定義的「③開拓新銷售通路（市場創新）」呢。

我認為其他項目井上庵應該也能採行，請繼續研究看看！

是！

> ## 小小豆知識
>
> 　　熊彼得對生產力的提升，舉出以下3大要因，其中第3點最為重要。
>
> 　1. 人口與生產手段增加。
> 　2. 自然界發生異常變化、社會變動、政治介入。
> 　3. 許多人都想突破已經習慣的模式，同時在當前的經濟生活中，察覺到新的可能性，並在追求突破的過程中產生變遷。

約瑟夫・熊彼得

企業家的角色，就是要對創造價值的方式發起變革，為其帶來革命。

帶來革命的熊彼得先生

　　熊彼得曾於1909年在烏克蘭的切爾諾夫策大學、1991年在奧地利的格拉茨大學、1913年在美國的哥倫比亞大學任教，後於1919年被任命為奧地利共和國的財政部長。

　　之後幾經波折，他在1927年成為哈佛大學的客座教授，又於1932年成為正教授。

　　然而，熊彼得在其有生之年幾乎沒有獲得什麼認可，直到1997年克雷頓・克里斯汀生發表《創新的兩難》（The Innovator's Dilemma）時，創新一詞才開始受到關注。

　　隨後，在歷經2008年的雷曼兄弟事件後，人們開始質疑創新的必要性，熊彼得也是從這時起開始聲名大噪。

　　此外，熊彼得的學生中也是人才輩出，有1970年新設之諾貝爾經濟學獎的首位得主保羅・薩繆森，還有於1981年同樣獲頒該獎項的詹姆士・托賓。

第 **5** 章

登峰造極前
必先瞭解的
戰略

本章主要介紹的，是在邁向事業頂峰之前必學且多用於經營管理情境的戰略。瞭解經營者、管理者的戰略思考後，或許會對原有的企業組織概念和想法產生新觀點！

以下我們將從管理觀點出發，探討面臨社會和市場環境變化時的因應策略，例如「適應思考」和「構型經營戰略」等。

接著，我們會透過相對新穎的「設計思考」和「精實創業」等概念，獲得有別於傳統管理風格或經營手段的方法和點子，學習如何靈活應對組織或市場的變化。

25

適應思考

戰略內容是？

>> 此戰略的想法是基於生物演化的進程，**建構以「失敗」為前提的機制，透過反覆嘗試錯誤來面對和解決問題**，力求邁向成功。為找出「完美反覆失敗」的方法，研究領域必須橫跨經濟學、心理學、演化生物學、人類學、物理學、政治學。

定義

>> 要把適應思考的基本原則應用於企業或日常生活中時，有以下3個步驟。

第一，**嘗試新事物**。（但要具備挑戰失敗的覺悟。）

第二，**失敗也不要釀成重大問題**。（因此要設定失敗也沒關係的保險範圍，或一步步慢慢執行。）

第三，**承認失敗**。（如果無法做到這點，就無法從失敗中學習。）

提倡者

>> **提姆‧哈福德（Tim Harford）**：修畢牛津大學碩士課程。皇家統計學會榮譽會員。曾在殼牌公司、世界銀行工作，曾任牛津大學講師，現任則是金融時報編輯委員。

2019年獲頒大英帝國勳章，表揚他為增進大眾對經濟的認知做出了貢獻。

關鍵字

>> ●**混沌法則**

這是哈福德提倡的概念，他認為若過分追求有序，將錯失接受適度失序時所能獲得的好處，也就是說**失序其實能帶來各種好處**。

換言之，意外事件是能刻意引發的，且需積極運用。

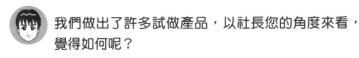

我們做出了許多試做產品，以社長您的角度來看，覺得如何呢？

每一樣都是從沒看過的東西，當然味道也都很不錯。接下來就是能不能賣出去的問題……

員工們現在正好都充滿幹勁，如果無法縮小範圍，那何不採用適應思考，把全部試做產品都作為新商品推行看看呢？

說的也是，雖然公司以前也有透過內部募集的方式開發新產品，但就算走到採用和銷售這步，也往往持續不久便結束，這次就來嘗試積極推銷吧！

好，我們一定要來執行！

～前往工廠～

這件事已經獲得社長首肯，請大家積極投入新產品的銷售吧！

真的嗎！太棒了！
話說，館小姐是不是畫了圖呢？我覺得畫得非常好，要不要試著製作成傳單？

咦……我嗎……？用我的圖可以嗎……？

當然！對吧，才門先生？

是的，當然可以。這次嘗試各種做法也是重點，請大家務必積極採取行動。我們這邊也會從旁協助的！

雖然有點令人緊張，但我會加油的！

 傳單完成後，我會向大家介紹！

 我已經開始期待了呢～

～幾天後～

 大家都幹勁十足，尤其是館小姐的傳單大受歡迎，好多商品都連日全數售罄。

 這真是太好了～員工們也都受到鼓舞，紛紛積極向交易對象提案。
結果反應也非常好，公司所有人都相當振奮。
過去我一直以為，只有設計專家才能做設計，但我發現這種武斷和先入為主的想法不太好呢。

 沒有錯……我曾經也是那樣想，以後思考應該要更靈活才是。
接著我來分析一下，這次新商品的銷售成果！

～幾天後～

 我整理好本次新產品的相關報告了。

 哦，如何如何？

 首先，銷售額比目標高出了20％，順利達標！
另外我們還收穫了這些感想。

 達成率高達120％真是太棒了！謝謝你，才門君。
顧客的意見有：「比以往更能感受到製作者的情

感」、「在店員熱情的介紹下，我忍不住連家人的份也買了」、「溫馨的傳單感覺很新鮮」。

顧客還提出許多疑問，溝通上也比以前更充分了。

我們取得了巨大的成功呢！我認為必須想出一個機制來延續現在這股活力。
這方面也要請你繼續協助了。

好的！

> ## 小小冷知識
>
> 　　從適應思考延伸出的戰略理論有以下幾點論述。
>
> 　　堅若磐石的「理想組織」反而容易失敗，若想在複雜且充滿不確定性的世界常勝不衰，就必須重視以不同想法進行試錯，與自下到上（bottom-up）的溝通管道。
>
> 　　此外，現代的戰略唯有透過工作現場的試錯和反饋才能成立（但由下而上也不一定總是正確）。

提姆・哈福德

失敗在所難免，
在複雜的經濟體系中，
這種事經常發生。

哈福德的整理術

哈福德在他的作品《Messy: How to Be Creative and Resilient in a Tidy-Minded World》（混亂：如何在井然有序的世界中保有創造力與韌性，暫譯）中提出以下觀點。

「把桌上文件整理歸檔（歸檔戰略）和直接堆疊（堆疊戰略），這兩者相比之下，後者更有效率。」 ※（ ）為本書作者補充

理由是，把文件歸檔上架的人會忘記文件擺在什麼位置，但把東西全部堆在桌上的人們反而意外地井然有序，他們能清楚知道什麼東西放在什麼位置。

此外，採取堆疊戰略時，常用的資料會在不知不覺間被移至上方，沒用的資料則會堆往下方。因此只需偶爾選擇一堆文件，並直接把下半部捨棄，如此便能快速又有效率地把文件整理好。

不過，如果不想把下半部資料直接丟棄，也可以選擇把它們暫時塞進紙箱等容器以清出空間。

下個月連續有3個活動啊⋯

是的，還有接到大量預訂的訂單，行程非常緊迫，有可能會超出負荷⋯

這樣啊⋯要不推掉一兩個⋯

不⋯⋯這反倒是個機會，

我們要把握這個能大幅躍升的機會，想辦法克服！

兼職、打工者、員工教育

職人、員工、兼職人員全部投入！

呼～想辦法撐過來了呢～真是鬆了一口氣～

好久沒有像這一個月如此賣力了呢～

多虧大家，我們創造了史上最高的收益！

讓我們用和菓子與茶來乾杯吧！

哦哦

啊、哈、哈、哈、哈⋯！

井上庵

戰略內容是？

≫ 此戰略的想法是，應把組織視為**一個在特性、行動上首尾一致的集團（構型；Configuration）**，並根據該組織所處的狀況，採取最適合該環境的戰略。

其優點是能視情況靈活變更、改變組織型態或戰略，提升企業面對變化時的適應能力。

定義

≫ **構型學派**是戰略理論10種分類中的其中1個學派，它主張企業應根據組織所處的環境，使用不同的戰略風格。

此學派認為，組織有時應維持一致性，有時則要採取變化，其中構型（Configuration）是組織在維持一致性時應採取的型態；**變型**（Transformation）則是在需要變化和要採取變革流程、變革管理時的手段。

提倡者

≫ **亨利‧明茲伯格（Henry Mintzberg）**：麥基爾大學克萊恩講座教授（Cleghorn Professor）兼管理學研究所教授。他在取得麻省理工學院（MIT）史隆管理學院博士後，又於麥基爾大學取得機械工程學的學位。

關鍵字

≫ ●**定位學派**

以麥可‧波特（Michael Porter）為中心人物發展的派別，主張應重視企業在業界內的定位，也就是把重點擺在外部環境，透過差異化戰略和成本領導策略，來贏得競爭優勢。

●**能力學派**

以傑恩‧巴尼（Jay Barney）為首發展的派別，主張企業應重視如何活用本身具備的經營資源（資源基礎觀點；Resource-based view），也就是把重點擺在內部環境，運用人材和技術等自家公司優勢來獲取競爭優勢。

前幾天接二連三地辦活動，實在非常辛苦～

公司透過 Transformation（變形）克服了呢。

嗯？Transformation？那是什麼流行的動畫嗎？

啊，不不！
我指的是明茲伯格構型理論。

啊～對對，話說你在活動中好像有提到，我完全忘了。

觀察從活動準備到結束的一系列流程，我能窺見共5種的所有構型。

這意思是？

規劃設攤的階段，是由井上社長和幹部們主導來制定計畫；隨後準備設攤的階段，則主要由現場的部門主管們發號施令。

當實際開始製造時，又換成員工和熟練的兼職人員們與會場人員通力合作；活動中，則是由各活動會場與生產現場緊密合作，來掌控物流的狀況。

原來是這麼一回事。我們每年都是以類似的型態在運作，大家都很習慣了，不過這回還面臨了各種條件限制，因此吃了不少苦頭呢。

在我看來，包含那些事情在內，組織的運作一切如常，幾乎沒什麼問題哦。

直到最後一天撤離時，許多事務主要都由員工們領頭指揮，從外部觀察也能感受到組織不斷變形。也就是說，組織能依據各種場合，流暢變化成當時最理想的型態！

我引以為傲的員工和兼職人員能獲得這樣的評價真令人開心～

請收下伴手禮羊羹，跟大家分著吃吧。

啊，我不是那個意思……但還是謝謝您！

小小冷知識

組織具備的功能要素可分成「戰略高層（Stategic Apex；司令塔）」、「中間線（Middle Line）」、「作業核心（Operating Core；現場部門）」、「技術結構（Technostructure；分析幕僚）」、「支援幕僚（Support Staff）」這5大類。

這些結構組合的方式，又能再分成以下5種構型（組織構成與構造的特徵）。

組織的基本要素

5種構型

27 阿米巴經營

嗯……這個問題感覺我一個人沒辦法解決呢……

該怎麼辦……？

才門君，這種時候就要靠阿米巴經營哦。

公司也有海外關係網，能從全球化觀點獲取建議。

熟悉物流戰略的U先生。

熟悉人事戰略的O先生。

強項是財務分析的計算機魔術師S先生。

物流命

啊喀喀 咯咯咯

強大支援陣容！

阿米巴經營……

阿米巴經營……

戰略內容是？

>> 此戰略指的是一種組織型態，意即把公司劃分成數個名為「**阿米巴**」的小單位，各單位在經營時採獨立核算盈虧，而且每個單位都要任命一名領導者，以類似合夥人※的型態來經營公司。

這種經營方式能透過清楚展現各阿米巴單位的活動成果，促使全體員工更願意在各自的崗位上發揮所長，留意收支，努力確保獲利。此方法最終不僅能培養具有管理者意識的領導者，還能實現「**全體參與經營**」，也就是讓全體員工共同來參與管理。

※ 由兩人或更多人在對等的立場上經營一項事業。

不過人數和組織型態上可能有很大差異。

定義

>> 其理念是「**公司經營並非全靠管理高層，而是要由員工們一起來進行**」。

特點則是，透過與市場直接相關的部門為單位，建立核算收支的制度、培養具管理者意識的人材以及實現全體參與經營。

提倡者

>> **稻盛和夫**：京都 Ceramic（今：京瓷）與第二電電（今：KDDI）創辦人。公益財團法人稻盛財團理事長。

以自行研發的陶瓷材料技術為核心，成立當初僅由28名員工組成的京都陶瓷株式會社。

2010年無薪出任日本航空（JAL）會長，當時該公司負債高達2兆3,000億日圓，位居戰後工商業公司之冠，但在短短2年8個月內，他就讓日航重新上市，對公司的重建做出了巨大貢獻。

關鍵字

>> ●**全體參與經營**

這種管理手段，旨在讓全體員工就像一起抬起神轎般齊心協力參與經營，使員工們在工作時能產生目標感與成就感。

推行流程如下：

1. 以阿米巴單位制定計畫、共享目標。

2. 根據公司方針與目標，制定年度計畫（總體計畫）。

3. 按照總體計畫制定每月預定計畫，執行績效管理。

我們公司是採阿米巴經營對吧？
我想以我們公司為例，建議井上庵也採取阿米巴經營，該怎麼做才好呢？

這樣啊，我們公司是一間顧問公司，就某方面來說較容易採用阿米巴經營。但井上庵是家族企業衍生出的組織，我認為，或許可以把目標擺在未來的成長與發展，從能採行的事物開始實踐。

說的也是！謝謝您，我會朝那個方向思考看看。

～前往井上庵～

社長，我們接下來要不要以未來發展和讓您的兒子順利繼承下任社長為前提，考慮建立阿米巴經營的組織結構呢？

我是有聽說過阿米巴經營，但像我們這樣的公司也能做到嗎？

是的，當然可以。
我們不用完全採納所有內容，而是先從能做的事情開始著手，如此便能讓該經營方式順利融入公司，緩步進行組織改革。

這樣啊，那麼首先該怎麼做呢？

第一步是，以與市場直接相關的部門為單位，建立核算收支的制度。我們先按銷售對象來細分業務部門吧？

哦，我以前的確都把它們想成一體……但應該可以大略分成家用、業務用和超市用這幾個對象。

接下來是培養具管理者意識的人才，除了目前有在進行的項目外，要不要針對有意願的員工和兼職人員開辦學習小組呢？
我們這邊會準備教材和講師！

聽起來很不錯，麻煩你們了。

沒問題！最後為了實現全體參與經營，以前主要由幹部們進行的會議，未來要不要也讓有意願的員工和兼職人員先以旁聽的形式參與，或者另行規劃時間舉辦經營相關會議，以便聽取更多員工或兼職人員的意見呢？

嗯……要改變會議形式可能有困難，但若藉此能更了解大家有什麼想法的話也是值得一試。
好，這項也試著做做看吧。

一直以來都很重視人心的井上庵肯定沒問題的！讓我們來試試看吧！

小小冷知識

　　阿米巴經營大約誕生在京瓷員工超過300人的時候。

　　「按部門計算盈虧制度」和「合夥經營」的字眼可能會讓人誤以為這種經營方式只適用於大型企業，但其實只要做到把組織劃分成小單位，以各自獨立核算盈虧的方式管理，就算是只有數十名員工的小規模企業也能實踐這項戰略。

※京瓷株式會社保有「阿米巴經營」相關權利。

我們的店能不能也用智慧型手機介紹商品呢？

那來挑戰開發應用程式吧！

先從簡單的項目開始。

還能壓低成本～

半年後……
基礎應用程式問世！

能在手機上看到自家商品真令人感動～♡

嘿，可以教我這怎麼應用嗎？

啊，好的。

原來如此，這個部分不好懂啊……

1個月後的更新，追加新功能！

2個月後的更新，設計變更！

3個月後的更新，追加新服務！

這就是從實踐中獲取顧客意見，然後不斷更新版本的做法啊……

從失敗中能獲得成長的食糧！

和菓子新品也可以用這種方式不斷進行版本升級哦！

戰略內容是？

》 此理論是指，盡可能用最少的費用（成本）或步驟生產試做產品，也就是最低可行的產品、服務或功能，接著**透過準確獲取顧客反應和不斷改良，以便在進行開發和發展事業時，減少無謂的浪費。**

定義

》 精實創業要實施**「假說」、「建構」、「測量」、「學習」** 這4個步驟，其作法是先基於假說製作出最低實用產品，然後請顧客實際使用，接著再根據試用結果，反覆進行有效改良。
然而當出現背離假說的結果時，就必須考慮是否要繼續發展該事業，看是要繼續推行，又或者選擇調整方向（樞紐修正）。

提倡者

》 **艾瑞克・萊斯（Eric Ries）**：美國企業家。自耶魯大學畢業後，在企業擔任工程師，隨後他推出了社群服務，還曾擔任過創業投資方面的顧問。從公司獨立出來後，他開始為新創企業提供諮詢服務，透過整合過往經驗，以及史蒂夫・布蘭克的客戶開發理論，他最終想出了精實創業的這套理論。

關鍵字

》 ●**樞紐（pivot）**
Pivot的中文意思是「樞紐」，商業上則用指調整方向、改變路線、修正事業軌道。
這個詞常用於新創企業或新事業，意思是當事業戰略遇到瓶頸時，應積極採用與既有事業截然不同的想法或企畫等來調整方向。

　井上庵在考慮開發應用程式嗎？

是的，因為來活動打工幫忙的大學生們說：「如果有關於和菓子的有趣應用程式，馬上就會在年輕人之間流行起來。」於是公司便開始考慮開發了。

應用程式啊～先不論有不有趣，和菓子相關的應用程式也不少呢？

就是說啊……
我不是很清楚大學生所謂的「有趣」是什麼，這點實在很難說。如果程式有很強的娛樂性，或許就能像遊戲那樣受歡迎，如果又對大多數人來說都很實用，應該就能廣獲好評……

這種時候就要採用精實創業！

也就是說……？

首先我們要設定假說，在考量應用程式的目的性時，要選擇最適合的方向作為應用程式的開發目的。例如是該有很強的娛樂性，還是要有較高的實用性，又或者是其他方向。在決定好假說後，就能開始設計用於短期測試的應用程式，並請目標客群實際試用。

調查目標客群時，應該要盡可能地蒐集許多意見對吧？

問得好！
調查時不是要蒐集人數，而是最好能找到早期使用者（Early Adopters），也就是那些對流行很敏銳，

會自行蒐集資訊，加以判斷的積極人群。

 原來不是只要調查人數多就好⋯⋯

 接下來我們要不斷改良，把早期使用者的反饋和意見，反映到應用程式中。

但如果早期使用者的意見，與當初設定的假說有差異時，可能就必須大幅修正開發方向。這裡要小心，別太執著於自己的觀點或假說哦。

 我瞭解了！我這就來向井上庵提議以精實創業的方式來開發。

小小冷知識

提倡精實創業的艾瑞克‧萊斯，曾研究過豐田汽車的「豐田生產方式（Toyota Production.System；TPS）」，據說是其中「去除浪費（及時制；Just in Time）」的這項技術，影響了精實創業中「精實（Lean）」的概念。

29 設計思考

我們接著用「設計思考」來構思，井上庵和菓子的新設計吧！

老店不是應該主打歷史和傳統嗎……

我們要透過新的途徑，把新產品推銷給新的顧客！

讓我們來將員工們提出的意見設計與發展吧！

「把水果大福切成萌斷面後，串成三層……不，是串成四層的大福串……」這個點子如何？

四層萌斷面串成的層層串？

先試做後，再請員工們發表感想。

說的也是，不做做看永遠不知道什麼會受歡迎呢。

萌斷面是指色彩繽紛的食物斷面。

水果大福萌斷面串‼ 4層

戰略內容是？

>> **這是一種以使用者為中心的思考方式。作法是，針對問題和課題進行設計時，採用必要的思想、手段和思考方式（流程）找出最佳解決方案。**

2005年美國史丹佛大學設立了d.school（The Hasso Plattner Institute of Design），在該學院的提倡下，此方法在全球聲名遠播。

定義

>> 設計思考需歷經以下5個流程。

理解、共鳴（Empathize）…觀察使用者，同時對其想法產生共鳴。

定義（Define）…正確定義使用者心中真正的目的，也就是需求。

提出點子（Ideate）…提出解決使用者煩惱的點子。

試做（Prototype）…化為實體。

測試（Test）…請使用者體驗試做產品。

然而，這5個流程不必按順序進行，它既可以同時並行，也能在各流程之間來回移動。重點是，要以全面性的角度來掌握整體內容。

提唱者

>> **大衛・凱利（David Kelley）**：美國設計公司IDEO的創辦人。他是史丹佛大學的教授，也是史丹佛大學內，傳授如何實踐「設計思考」之d.school項目的創始人。另外，他還具備設計師、工程師的相關經驗。

關鍵字

>> ●**IDEO框架**

這是設計公司IDEO提出的設計思考框架，內容包含「①共鳴②定義問題③創造④原型⑤測試」這5個流程。

俯瞰設計思考的內容有助於看清自己所處的位置。

CASE 活用於現代的例子

聽說你們打算把萌斷面水果大福串成一串嗎？
感覺就很有趣呢。

真的嗎？原來你也這麼認為～

雖然沒看到實體還很難說什麼，但我很感興趣。

太好了～為了能讓項目順利進行，還請笠井小姐告訴我妳的觀點。

如果用設計思考來推敲大福的課題，首先「共鳴」的部分，我認為亮點是大福的粉不會沾到手，但這件事用個別包裝也能解決。
我想說的是，關鍵應擺在如何彰顯將萌斷面水果大福串成一串的意義和價值，也就是，別讓大眾有「不過就只是串成一串」的想法。

妳說的事情也能聯想到「定義」的部分。的確，有不少人雖然想吃大福，但卻怕弄髒衣服，又或者有衣物被弄髒的經驗。
於是我才設計出了這款大福，無論是在工作休息期間，還是小孩子吃都不容易弄髒。希望妳能一起幫忙想想，除此之外還能產生什麼價值……

交給我吧！我馬上就想到了一個，說到大福，就會想到它外面裹著的白粉很麻煩……就算大人也會不小心吃到衣服上，不如乾脆直接把它去掉如何？

說的也是。一般人的印象，都是傳統中裹滿白粉的大福，這或許能是一項革命性創新！
我想也許可以改用堅果或巧克力裝飾來代替白粉。

好欸！這點子很棒，感覺外觀能變得更華麗，還會成為史無前例的大福！
我覺得，改用鮮奶油或巧克力醬裝飾也不錯。能創造變化這點，肯定可以獲得很高的評價！

～集思廣益中～

 想出的點子比想像得還要多～我來把這些想法跟井上社長討論，然後徵詢現場製作人員們的意見，請大家開發試作產品！

～在井上庵試作後～

 果然在試做時遇到不少困難呢。

 畢竟是誰都沒有做過的初次嘗試啊。
但感覺大家都很積極地參與，願意提出各式各樣的建議。

 就是說啊，現在終於要在店裡試賣了……好期待顧客們會有什麼反應啊！

小小冷知識

人們容易誤以為設計思考是一種萬能的思考方式，但在什麼都沒有的情況下開始（零基礎）開發新產品或新服務時，這個方法通常不太適合。

原因在於，設計思考關乎了使用者的想法。

而若過於堅持設計思考的模式，可能會忽略過程（Process），只把重點放在結果（result），導致無法產生新點子或創新，這點必須要多加留意。

第 6 章

培養經營者
思考方式的戰略

本章主要介紹經營管理上會用到的戰略。
管理者這個角色所需的戰略,與思考具體的數字目標
無關,而是有許多行動方針、言行等與提升人際關係
相關的內容。
學習戰略的同時,還能學習做人處事。敬請期待這些
能讓您一舉兩得的精彩內容!

以下我們會先介紹著名的「帝王學」和「論語與算盤」，探討運營大型組織時所需的管理者思想和管理者觀點。

接著，我們將針對隨時代變化的理想管理方式和理想組織型態，進行新舊比較。並藉由「卓越企業」和「CSV經營戰略」等戰略，培養出以重視社會關係的管理者思想，來看待事物的能力。

30

帝王學

| 戰略內容是？ | ≫ 此學說的基礎是《貞觀政要》，它是唐朝歷史學家吳兢的著作。
裡面記載了唐朝第二任皇帝李世民，在推行被譽為「**貞觀之治**」的德政時，與身邊輔佐的重臣們之間的問答內容。
書中統整了成為優秀領導者、統治者應具備的言行舉止。
據說明治天皇、北條政子和德川家康都曾鑽研過此書。 |

| 定義 | ≫ 帝王學是一種全人教育，目的為培養地位特殊的人士（繼承人等）。譬如來自歷史悠久家門或家世顯赫者，使其具備在該地位上應有的能力。現代則也能用於教育人成為優秀的領導者。
《貞觀政要》中的內容廣泛，其中也有一些概念能應用於商業場合。例如該怎麼識別人才（六正六邪）、如何收集資訊（兼聽）、下屬應具備何種心態（義與志）等。
此書本意是想推崇治國安民的政治理想，是皇帝和政治家的必讀之作。 |

| 提倡者 | ≫ **唐太宗**：唐朝的第二代皇帝（在位626～649年）。
廟號（死後祀奉的稱號）：太宗。諱（生前的真名）：世民。
高祖李淵的次子，與李淵同被視為唐朝開創者。曾和李淵共同在太原舉兵作戰，後定都長安，建立了唐朝。他憑藉著優異的政治能力，設立官制等諸多制度，締造了史稱貞觀之治的太平盛世。 |

| 關鍵字 | ≫ ● 吳兢
唐朝著名歷史學家。出身汴州（現河南省開封市）。著有《貞觀政要》《國史》等書。
長年擔任史館一職，負責編撰歷代帝王的《實錄》等，《貞觀政要》即是由他編錄、撰寫而成。 |

前幾天我給你的《貞觀政要》，你讀了嗎？

是的，我有讀了。

我年輕的時候也有讀過，好懷念啊～

我現在偶爾也會拿出來看哦。常用來舉例的「明君與暗君的差異」和「草創與守成孰難」，我總是銘記於心。

・明君與暗君的差異⋯不只聽一方的意見，也願意傾聽反方意見者為明君，否則為暗君。

・草創與守成孰難⋯若論創業難，還是之後守住事業難，答案是根據不同情況，兩者都有其重要性。

我自己也曾因為工作進展得很順利而過於放心，結果不小心忽略了重大問題，這件事讓我想起「居安思危」這句話。

・居安思危⋯有憂心之事時，就任用有識之士，接受諫言；但當沒了憂心事，天下太平後，就心生怠惰，疏遠欲勸諫之人的話，最終將面臨危機。由此可知，即使處在和平時期，雖心態可以自在，但也須小心別放鬆警惕。

我之所以把《貞觀政要》推薦給才門君和我們家員工，是因為我希望肩負井上庵未來的你們，能以大局的角度看待事物。

十分感謝，我會不負期待，一有機會就拿出來反覆閱讀！

話說，三鏡這個部分我覺得也很實用～

三鏡？

意思是上位者必須要具備的三面鏡子，一是「以銅為鏡」，二是「以古為鏡」，三則是「以人為鏡」。

好像能懂，但第一個「以銅為鏡」是什麼意思啊？

用鏡子（古時候的鏡子是銅製品）端照自己，可以確認自己的儀態哦。若不做一個表情開朗又有精神的領導者，誰都不會想要接近吧？

那確實。

「以古為鏡」就是要學習歷史。我們雖然無法預知未來，但能瞭解過去。先人的智慧和時代趨勢中，蘊含巨大的啟示。

原來如此……

「以人為鏡」也非常重要，意思是要能接受下屬嚴厲的批評指教。
我平時也很注重營造讓大家能暢所欲言的氛圍，建立理想的組織型態。
所以，我們公司的員工應該都能盡情發表意見吧？

哈、哈、哈哈哈，沒有錯。的確是沒有什麼拘謹或看人臉色的氣氛呢。

職人界階級分明的關係由來已久，我年輕那時非常辛苦呢……

井上庵公司內的氣氛一年比一年好，新進員工和沒經驗的兼職人員也都很快就能融入公司，真的是個很棒的組織呢。

父親給我《貞觀政要》這本書時，因為覺得內容晦澀難懂而一直沒有讀。但在我接手公司並重拾這本書時，我一邊讀，一邊想著要是我能早點開始看，不僅能幫助公司發展，還能孝順父親……

真是個好故事……（淚）。我也要來學習三鏡的道理，好成為大家的助力！

小小冷知識

《帝王學》從字面上來看，會讓人覺得是寫給領導者或繼承人等特殊人士的書籍。但在現代，將內容昇華之後，無論是升職而有下屬者、或身為團隊領導者等商務人士，都能加以參考。

原因是，書裡其實有許多能應用於工作中實用的內容，好比說領導者的理想樣貌、如何與人相處，還有管理訊息的方法等。

皇帝唐太宗

竭誠則胡越為一體，
傲物則骨肉為行路。

向唐太宗學習領導能力

　　身為領導者的唐太宗有以下兩點非常傑出。

　　其一是，他一旦把權限下放給臣子，就不會過問，這麼做能創造把工作委派給他人的「賦權感」。

　　其二是，他能聽取「諫言」，積極提拔那些會直言不諱地批評皇帝缺點和過失的下屬。

　　唐太宗深知，就算身為皇帝也絕非全能之人。他喜聞他人指點缺失的態度，能在以他和臣子的問答內容編纂而成的《貞觀政要》中一探究竟。

啊，

那些都要丟掉嗎？

生菓子沒辦法放很久，賣剩的就都要處理掉。

如果降價感覺像是在賤賣商品，於是只能丟掉了。

好！

這件事應該用論語與算盤就能解決！

…用這樣的形式打折銷售如何？

我知道了，試試看吧！

| 戰略內容是？ | 》 | 「**論語**」是中國春秋時代大思想家孔子與其弟子的對話記錄，內容講述了待人處事的思想與道德。
另外，「**算盤**」則是指經商之道，也就是追求利益的商業活動。
而「論語與算盤」的理念，即是**利益與道德這兩者要相互協調**，以取得平衡，也就是**應秉持道德追求財富**。 |

戰略內容是？

》 「**論語**」是中國春秋時代大思想家孔子與其弟子的對話記錄，內容講述了待人處事的思想與道德。

另外，「**算盤**」則是指經商之道，也就是追求利益的商業活動。

而「論語與算盤」的理念，即是**利益與道德這兩者要相互協調**，以取得平衡，也就是**應秉持道德追求財富**。

定義

》 在經商、從事經濟活動時，應遵循《論語》的教誨。

算盤要靠《論語》來撥動，同時《論語》也要靠算盤才能真正致富，因此論語與算盤彼此其實是密不可分存在。

此外，此理論也有重視公益的觀點。

提倡者

》 **澀澤榮一**：出身於埼玉縣深谷市。他在協助經營農田、藍玉染料的製造銷售、養蠶等家業時，向父親學習了各項技術。此外，他還曾向表兄弟尾高惇忠學習《論語》。

在明治政府的招募下，他成為日本財政機關大藏省的一員，後又擔任第一國立銀行的總監（後成為行長）一職。

他一生中扶植的企業高達 500 多間，被譽為是日本資本主義之父。

關鍵字

》 ●**朱子學**

朱熹（朱子）創立的新儒家學派。

又稱宋學。由於此學派的理論有利於維持封建制度，故受到江戶幕府的推崇，並在武士和學者之間廣為流傳。

此外，在中國此學還有程朱學（程朱理學）、程朱學派、道學等稱呼。

我們以前也有討論過把賣剩的商品降價求售，但因為不想被說「老店開始賤賣商品」……於是最終也沒能實行。

這樣啊……我非常了解您的心情。但我調查資料後發現，報廢處理的成本已對收益造成相當程度的威脅。

嗯？我不認為我們公司的廢棄量有那麼多啊……？

從數量來看可能會覺得沒那麼多，但如果丟棄的是高價原料製成的產品，再加上辦活動等產生的廢料，這些累積起來都將對經營造成不良影響。

原來如此……

是的，而且在這種的狀態下工作，大家的心態也會受到不好的影響。
因為太害怕產品售罄的問題，反而對報廢產品不再有內疚感。

過去的經營方針可能不太行呢……
隨著SDGs※的浪潮來襲，未來會更講求道德與經濟並重，我們公司也該來加強澀澤先生的「道德經濟合一論」了呢。

※聯合國於2024宣布的「2030永續發展目標」（Sustainable Development Goals, SDGs）。

沒錯！讓我們來把社長您重視的「論語與算盤」也灌輸給員工們吧！

我知道了，首先就由我來告訴大家。

之後具體的學習小組與培訓，則要請才門君那邊幫忙規劃。

好的，我知道了！

～舉辦學習小組，向所有員工、兼職人員灌輸「論語與算盤」理念～

公司以往都是以商品量充足為優先，但為了更重視食物廢料的問題，未來公司將以「售罄是不得已」的方針來擬定生產計畫。

另外，關於降價出售剩餘商品的問題，鑑於一些堅定的反對意見和疑慮，公司決定自下午開始，採成套優惠的方式來促銷。

真是太好了～

太好了？

對啊。我以前覺得報廢既然是公司規定那也沒辦法，但果然大家都覺得這件事不太對呢。
不過，我也該反省自己只是心想「沒辦法」，卻沒有積極表達意見。

說的沒錯！若能使道德與經商合一，顧客們一定也能理解我們的想法。雖然有可能因售罄而讓顧客失望，但我們可以努力尋求客人的諒解。
而且我們還能推出比以前更加美味的和菓子，提升老店的信譽！

接下來要更努力才行！真令人期待～

小小冷知識

　　澀澤先生以「日本資本主義之父」的稱號聞名，然而除了設立企業外，他也曾盡心協助約600多間教育機構與社會公共事業的發展。

　　範圍擴及眾多領域，例如聖路加國際醫院和日本紅十字會等醫療福祉領域、日印協會與日法會館等國際親善領域、神社奉祀調查會（明治神宮）與救世軍的宗教相關領域，以及東京商科大學（一橋大學）和日本女子大學等學術領域。

澀澤榮一

經商最重要的事情是，
即使與人競爭也要保有道德。

澀澤榮一與和菓子

澀澤先生是眾所皆知的甜食派，甚至有記錄稱其「經常喜歡吃甜食」。

他是知名和菓子老店「虎屋」的常客，店家有多筆訂單記錄都是來自澀澤家。（據說他曾訂購的「夜之梅」、「椿餅」、「羊羹粽」等現在也有販售的商品）。

另外，當他在明治37年（1904年）一度因肺炎病危時，明治天皇曾贈送甜品（名為「蟬之小川」，構造是透明寒天裡浮著用羊羹製成的金魚）作為慰問。

除此之外，他在替飛鳥山（東京都北區王子）的宅邸造園時，在益田克德等人的勸說下建造了茶室「無心庵」。日後還曾在該處舉辦茶會，招待了幕末時代任官的德川慶喜、伊藤博文、井上馨等人。

聽說茶會當時提供的主甜點是「葛羹」，乾菓子則是印有紅白「七寶形」圖案的押物※。

※由糯米和糖等材料混和，並放入木製模型中壓製而成的糕點。

資源基礎的經營理論

井上庵是即將迎來創業120年的老店⋯⋯

應該可以更積極地運用RBV⋯

井上庵有和其他公司聯名過嗎？

不⋯我沒有聽過呢⋯

真可惜⋯⋯

我的話會想要利用老店的品牌力，推出聯名商品呢。

像是與伴手禮店家⋯或是和吉祥物合作⋯

!!

笠井小姐，妳的點子真棒！我收下了！

謝啦！

有做出成果的話，我等著你的和菓子謝禮哦～♡

嘩嘩

戰略內容是？

>> 這是一種活用企業內部經營資源來取得競爭優勢的戰略，其理論基礎源於巴尼先生在《管理科學學報》上發表的論文。

這項戰略著重企業的內部資源，認為該資源是企業績效和競爭優勢的源泉，人們也會利用此戰略中的VRIO架構來進行分析。

定義

>> 重要戰略資源有**經濟價值**（value）、**稀少性**（rareness）、**模仿困難度**※（imitability）、**不可取代性**（non-substitutable）這4項判定條件。但後來不可取代性改成了**組織**（Organization），形成所謂的**VRIO架構**。

此外，此戰略也有人稱RBV（Resource Based View）、資源基礎理論或資源基礎觀點。

※部分中文譯為可模仿性。

提倡者

>> **傑・巴尼（Jay Barney）**：猶他大學管理研究所教授。在取得耶魯大學博士學位後，曾任俄亥俄州立大學費雪商學院（Fisher College of Business）柴斯卓越企業策略講座（Chase Chair for Excellence in Corporate Strategy）主持人，也曾是1996年美國管理學會的管理政策與戰略部會會長。

關鍵字

>> ●**企業戰略三角框架（The Triangle of Corporate Strategy）**
大衛・柯里斯與辛西亞・蒙哥馬利提倡的概念，它是一種**與多角化成立要素相關的框架**。
企業戰略三角框架的三邊分別由「**資源組合**」、「**事業群**」「**組織、系統、流程**」構成，再加上「**願景**」與「**目標和目的**」就形成5大要素。
透過把這些要素的組合最佳化，就能產生企業優勢。

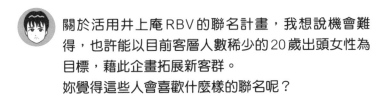

關於活用井上庵RBV的聯名計畫，我想說機會難得，也許能以目前客層人數稀少的20歲出頭女性為目標，藉此企畫拓展新客群。
妳覺得這些人會喜歡什麼樣的聯名呢？

嗯，井上庵的價值是「老店製作的和菓子」，這也是為什麼至今的聯名或產業合作多會是百貨公司、物產展等稍微高檔的路線，或是老店 × 老店的形式。

嗯，的確如果有超過百年的歷史，就會給人嚴肅又難以親近的印象呢（明明不一定呢……）。

所以，我想這次要不要嘗試與受20歲出頭女性歡迎的年輕品牌合作，好打破這樣的形象呢？
像是看看這本雜誌，研究一下現在的品牌如何？

哇啊啊啊啊，哪個品牌比較好我看不出來……

拿去問兼職人員或員工的女兒或孫女不就行了嗎？
那樣比較準哦。

說的也是！好，調查開始！

話說……你已經有確認RBV相關的VRIO框架了嗎？
經濟附加價值是一回事，但尤其在現代，若沒有社會價值，就很難獲得顧客的支持呢。
要記得，別只著重於聯名合作，也要放眼未來發展哦。

是！我的想法這樣的……

《井上庵的VRIO框架》

經濟價值 （Value）	稀少性 （Rarity）	模仿困難度 （Imitability）	組織 （Organization）	競爭優勢的 狀態
NO				競爭劣勢
YES	NO			競爭平衡
YES	YES	NO		暫時性 競爭優勢
YES	YES	YES	NO	持續性 競爭優勢
YES	YES	YES	YES	經營資源的 充分運用

 價值方面果然就是代代相傳的美味；稀少性則是傳統與守護傳統職人的技術；模仿困難度我認為在於職人的經驗、舌頭敏銳度與味覺。最後，在支持井上庵營運的大家通力合作下，我認為一切都能順利進行。

 嗯嗯，感覺很不錯。

 聯名一事感覺已然成為目標，我們的提案和工作內容本身也必須創造價值才行呢。

 沒有錯。希望才門君的業績，也能隨著井上庵的發展不斷提升！

謝謝您！我會更加努力鑽研！

小小冷知識

資源基礎的經營戰略理論並非由巴尼先生一人想出，而是從資源基礎觀點（Resource Based View）這個更大的概念衍生而來。

該概念的基礎是伊迪絲‧彭羅斯的研究，在經營資源中，她特別著重於**經營者資源**（經營者本身的知識與經驗）上。

後來麻省理工學院教授伯格‧沃納菲爾特的論文《A Resource Based View of the Firm》成為了這項戰略發展的契機。

沃納菲爾特在論文中提出，企業能運用其他公司無法模仿的資源來建立**資源定位障礙（Resource position barriers）**，進而取得競爭上的優勢。

傑・巴尼

公司整體可能會高估或低估自身的特殊性。

巴尼所想的「策略與管理」

關於企業如何營利這件事，一般認知中存在著神話和錯誤假設，因此巴尼提出了以下「關於企業策略與管理的 10 個真相」。

1. 評估業界魅力時，必須要考量企業能為該業界帶來的資源或能力。
2. 競爭優勢是所有員工的責任。
3. 與競爭對手採取相同行動，則注定平庸。
4. 產品很少能成為持續性競爭優勢的根源，但它能成為創造產品的必要源泉。
5. 一般來說，做個優秀的自己，比成為平庸的他們更好。
6. 若有件事對其他企業來說很困難，對自家公司來說卻很容易，那麼該事物很可能就是持續性競爭優勢的來源。
7. 信任、友誼與團隊合作才是持續性競爭優勢的源泉。
8. 一間有價值、有稀少性且模仿成本高昂的企業，即使組織受到擾亂也能夠獲利，但最好不要效仿。
9. 一間有價值，但卻沒有稀少性且模仿成本低廉的企業，則必須得靠組織才能凸顯自身的能力。
10. 能力與組織之間相互矛盾時，應改變組織。

| 戰略內容是？ | 》 | 麥肯錫公司出身的湯姆・畢德士與羅伯特・華特曼研究了60間以上的卓越企業，最終整理出這些企業之所以卓越的8個特質。從日本企業的成功中，能看到這些卓越企業的特點，而這些特點並無法單靠理性主義獲得。 |

定義 》

【創新卓越企業的8個特質】

（1）行動導向　（2）貼近顧客

（3）獨立自主和企業家精神　（4）靠人提高生產力

（5）基於價值觀的實踐　（6）堅守基準

（7）組織單純、總部精簡

（8）寬嚴並濟

提唱者 》

湯姆・畢德士（Tom Peters）：美國管理顧問。擁有康乃爾大學工程學學士及碩士，以及史丹佛大學管理學碩士及博士學位。在麥肯錫公司工作期間，曾與同事共同發明了「7S模型」。

羅伯特・華特曼（Robert Waterman）：擁有科羅拉多礦業學院地球物理學學士學位，以及史丹佛大學的MBA。曾任史丹佛商學研究所的客座講師，後獨立創業。

關鍵字 》

● **7S模型**

湯姆・畢德士提倡的概念，意指組織執行戰略時，彼此互補且相互影響的7個要素。

這7個S還能分成硬體的3S：**戰略**（strategy）、**結構**（structure）、**制度**（system）；以及軟體的4S：**共同的價值觀**（shared values）、**員工**（staff）、**技能**（skill）、**風格**（style）。又稱「麥肯錫的7S模型」。

才門君製作的井上庵行動方針非常完善，井上社長讚不絕口呢。

真的嗎!? 多虧了大家的幫忙。非常感謝！

話說，在把井上庵與卓越企業的8項特質對應時，你著重在哪些事物上呢？

首先是「創新卓越企業的8個特質」中，與人相關的部分……井上庵的判斷過於謹慎，導致行動速度遲緩，因此這部分我把重點擺在應快速決斷、迅速行動。

確實，如果所有的事情都按規則進行，不僅沒效率還浪費時間。要是能省下浪費的部分，就能創造餘裕呢。

除此之外，為了能與顧客建立更良好的關係，我想推行支持合理失敗機制，這樣在嘗試或挑戰把顧客的心聲化為商品時，就不會對風險過於恐懼。

若推崇獨立自主，不僅能為公司內部注入活力，還可以培養企業家精神呢。

沒有錯。井上庵雖然已很重視每位員工，但我希望大家能更有共同目標感，基於新的價值觀來努力採取行動。
還有，我希望經營方向也不要偏離公司一直以來都非常重視的基準。

嗯嗯，算是溫故知新呢。話說井上庵雖然不是大企業，但可以請你告訴我，關於第7點「組織單純、總部精簡」你是怎麼想的呢？

關於這點，我期望能利用小型家族企業組織的特點，保持低離職率和穩定僱用，以便發展事業……

畢竟井上庵的技術與信譽，需要職人和兼職人員們的支持呢。

是的。井上社長也表示希望能重視彈性，應守則守、該變則變。透過這次擬定的行動方針，應能把井上社長的這項價值觀傳達給所有人，促使井上庵有更進一步的發展！

你彙整得非常好，我覺得很棒！
辛苦你了。未來也別忘了現在的這些話，讓井上庵一展鴻圖吧。
井上庵的新時代終於要揭開序幕了呢！

是！
我會繼續努力研究，為井上庵的發展做出貢獻！

小小冷知識

卓越企業的調查對象是超優良企業，也就是取得巨大成功的大型企業，調查方法則是集中於分析戰略和組織層面。

然而在調查過程中，畢德士與華特曼兩人發現，單靠徹底執行理性主義，並無法成為一間超優良的企業。

這件事也讓他們意識到，那些被稱為卓越企業的公司，其實是由平凡的人們發揮了超凡的能力，才促使組織能不斷成長茁壯。

職人出差教授食育課程！

將賣剩的蘋果開發成新的和菓子！

推出貓狗造型和菓子支持愛護動物！

向不便前來店裡消費的顧客提供配送服務！

戰略內容是？	》 意指**透過經營事業創造經濟價值的同時，也創造社會價值**。由於企業是透過經營事業的方式來推行這些活動，因此有望能達成非營利活動難以做到的規模和永續性。 這項兼顧社會價值與經濟價值的管理模式，也常被拿來與CSR（企業社會責任）做比較。

定義	》 CSR是「Creating Shared Value」的簡稱。這項概念始於2011年，中文譯做「創造共享價值」，定義是「改善經營事業之地區社會的經濟條件與社會狀況，同時提升自我競爭力的方針與執行手段」。

提倡者	》 **麥可．波特（Michael E. Porter）**：哈佛商學院教授。畢業於普林斯頓大學航空工程系，後取得哈佛大學管理學碩士，以及哈佛研究所經濟學博士學位，並於1982年成為該學院史上最年輕的正教授。

關鍵字	》 ● **CSR（Corporate Social Responsibility）** 一般翻作「企業社會責任」。其概念是身為社會的一分子，企業有責任做出適當的決策，也就是應考量所有利害關係人（Stakeholder）（例如：消費者、員工、投資者、環境、社區與整個社會），並對社會做出貢獻。 ● **ESG** 這個詞取自環境保護（Environment）、社會責任（Social）、公司治理（Governance）的單字首字母，是企業投資的新判斷基準。 這項企業評價指標看的不是財務資料，而是著重於企業對環境和社會問題採取的措施、治理等。

井上庵正在採行CSV經營對吧？
不知道是不是從以前就有在施行類似於CSV的措施，感覺推行起來相當順利，真的很了不起呢。

妳說的沒錯。和菓子也是食品相關的領域，採用手工製作的井上庵有許多賞味期限短的產品。公司在努力減少報廢方面與CSV減少浪費的精神不謀而合，也因此在引進該措施時非常順利。

食育影片的內容我認為有很多競爭者，但井上庵的事業與當地緊密結合且值得信賴，資訊很快就透過父母傳達給當地的孩子們了呢。

沒有錯。也有人傳了井上庵的食育影片，告住在遠方的孫子「井上庵開始從事這些事物」，結果孫子看完影片後，表示還想再吃井上庵的產品，於是那個人便買了井上庵點心寄過去給孫子了。

影片促成的溝通不僅顧客開心，店家也能藉此提升銷售額和知名度，可謂是跨越地區的CSV呢。

這次史無前例的拓展，讓員工和兼職人員都更有幹勁，井上社長也非常滿意呢。

我這邊則是有個從事愛護動物活動的朋友，我們已經有好一陣子沒有聯絡。但她似乎是從夥伴那裡，得知井上庵也有在進行相關活動。於是跑來問我：「這是妳附近的店家對吧？」消息傳播得如此之廣，我也感到非常驚訝呢。

聽說自從開始推行外送事業後，原本沒有接觸點的男大生群體也和井上庵建立了關係，這對產品開發

和店舖經營都產生了很大的刺激。

 看來CSV的效果已在各個層面顯現，我很期待將來的發展呢！

 真的，我也很想知道接下來會如何發展，不知道CSV未來還能為我們創造怎樣的價值呢？

小小冷知識

CSV誕生的契機是波特於2006年發表的論文《Strategy and Society》。

他反對把CSR視為企業的慈善事業或成本刪減行動，同時提倡應把CSR視為是一種競爭優勢。

他還指出社會活動並非企業責任，而是創造價值的來源，與公司戰略本身息息相關。

後來，2011年波特在與馬克・R・克萊默（Mark R. Kramer）共著的論文《Creating Shared Value》提出了CSV的概念，對現代資本主義拋出疑問。

戰略內容是？

≫ 此管理主張「**失敗也沒關係，但要趁早。**」

與一般所謂的嘗試錯誤相比，這種方式講求以更迅速的行動與判斷來發展事業。

舉例來說，假設評估一項新事業是否成功，通常要花 2、3 年的時間；但超試錯型管理，則只會用 1 年來判斷成敗。若事業成長不如預期，就終止或出售；若事業有按照計畫成長，則透過投資或收購來加速成長，藉此在短時間內反覆試錯。

定義

≫ 這種管理方式須反覆進行開發或收購，如果行不通，就關閉事業。

它是種「先試試看，再根據結果迅速調整」的管理風格，網頁 **A/B 測試**就是一個例子。方法是同時嘗試 A 與 B 這兩種做法，隨後採行結果更好的那一種。

提倡者

≫ **賴利・佩吉（Larry Page）**：Alphabet 公司前執行長，Google 共同創始人。他曾於密西根大學學習電腦工程學，後又進修了史丹佛大學的電腦科學博士課程並取得碩士學位。但之後他便從史丹佛大學休學，於 1998 年與他人共同創辦了 Google 公司。

關鍵字

≫ ● VUCA

這個字是由「**Volatility（易變性）**」、「**Uncertainty（不確定性）**」、「**Complexity（複雜性）**」、「**Ambiguity（模糊性）**」」這四個單字的首字母組成，用於描述公司和商業活動所面臨的未來充滿變數。

它本用於 1987 年美國陸軍戰爭學院的課程開發資料中，後自 2010 年代起也開始被用於商業領域。

前陣子我提到架設網頁的事情……我自己到處逛了各種網站，一會兒覺得這個也很好，一下子又覺得那個也不錯，也觀摩了許多店家的做法……卻仍然完全無法做出結論。

 我能理解，沒有「就是這個」的正確答案很令人苦惱呢。
每個網頁都是該領域專業人士的心血結晶，但難就難在瀏覽網頁的人或顧客都有各自的喜好。
不過總而言之……

 總而言之……？

 答案在顧客手上呢。

 那是什麼意思呢？

 無論製作者多麼滿意，要是無法滿足客戶或對客戶來說並不好用，那都是偏離正確答案的作法……

 確實是那樣，感覺開發新商品等也常遇到這種情況。

 所以這次我們要採行的，不是全面更新，而是反覆進行 A/B 測試，希望能以逐步貼近顧客需求的方式來進行更新。

 意思是要用兩種東西進行比較嗎？

 是的。我想先準備好 2 種網頁，隨後利用反覆驗證來分析哪一種最合適，接著把資料都統整好，再執行最終的更新。

感覺很不錯！
不過，這樣能讓顧客感覺到變化嗎？

 井上庵的客群比起網頁的設計或功能，似乎更重視容易使用和好懂的程度。

 說的也是。以前更新網頁時，就曾有人反應「不知道什麼東西在什麼地方」……

 為避免那些狀況，這次更新後，我還會搭配其他措施，反覆運用A/B測試努力改善！

 聽起來很可靠！
那麼就麻煩你打造一個能讓顧客滿意的網頁了！

 好的！！

小小冷知識

佩吉不怕失敗的挑戰精神和透過嘗試錯誤的快速管理，據說是源自於他小時候受過的音樂訓練。

音樂（樂器）會與自身的時間感覺產生共鳴，然而電腦在輸入指令後卻需要花時間才能做出反應，因此Google在採行措施時，才把重點擺在了反應速度上，其背後參考的就是音樂會與自身時間感覺產生共鳴的原理。

【作者】

方喰正彰

Imagination Creative有限公司的代表。建立主要由日本國內外漫畫家、插畫家構成的網絡，強項是內容創作。身為一名製作人，他也會自行繪製原作漫畫、撰寫劇情。
主要著作與企畫案有《深入調查的人才能實現夢想》、《航海王名言集》、《衰老是神的贈與物》（作者：樹木希林）、《看漫畫瞭解Google的正念革命》等。

【漫畫】

あべ一彦

於集英社的《月刊Fresh Jump》出道。
首次連載則是在少年畫報社的《月刊少年漫畫》，歷經網路媒體和資訊雜誌的長期連載後，現在主要從事書籍、電視節目用、企業宣傳和廣告等各類領域的漫畫創作。
相關書籍作品有《基礎から学ぶマンガ背景テクニック》、《世界偉人對決超圖鑑》等。
https://jungleabe.wixsite.com/my-site

藝術指導　　　　細山田光宣
裝幀・內文設計　鎌内文（細山田デザイン事務所）

培養你的戰略思考！
超詳細商業經營戰略說明書

出　　　　版／楓書坊文化出版社
地　　　　址／新北市板橋區信義路163巷3號10樓
郵 政 劃 撥／19907596　楓書坊文化出版社
網　　　　址／www.maplebook.com.tw
電　　　　話／02-2957-6096
傳　　　　真／02-2957-6435
作　　　者／方喰正彰
漫　　　畫／あべ一彦
翻　　　譯／洪薇
責 任 編 輯／黃穫容
內 文 排 版／洪浩剛
港 澳 經 銷／泛華發行代理有限公司
定　　　價／400元
初 版 日 期／2024年10月

國家圖書館出版品預行編目資料

培養你的戰略思考！超詳細商業經營戰略說明
書／方喰正彰作；洪薇譯. -- 初版. -- 新北市：
楓書坊文化出版社, 2024.10　　面；　公分
ISBN 978-626-7548-07-3（平裝）

1. 企業經營 2. 行銷策略 3. 策略管理

494.1　　　　　　　　　　　　113012970